微表情心理学

挖掘隐秘，洞悉微妙

A micro-expression is a brief, involuntary facial expression shown on the face of humans when one is trying to conceal or repress an emotion. They usually occur in high-stakes situations,where people have something to lose or gain. Unlike regular facial expressions,few can fake a micro-expression.Micro-expressions express the seven universal emotions:disgust,anger,fear,sadness,happiness,surprise,and contempt.

马浩天◎著

苏州新闻出版集团
古吴轩出版社

图书在版编目（CIP）数据

微表情心理学 / 马浩天著. -- 苏州 : 古吴轩出版社，2016.6（2024.4重印）
ISBN 978-7-5546-0684-1

Ⅰ. ①微… Ⅱ. ①马… Ⅲ. ①表情－心理学－通俗读物 Ⅳ. ①B842.6-49

中国版本图书馆CIP数据核字(2016)第099388号

策　　划：文　轩
责任编辑：蒋丽华
见习编辑：顾　熙
装帧设计：润和佳艺

书　　名：微表情心理学
著　　者：马浩天
出版发行：苏州新闻出版集团
古吴轩出版社
地址：苏州市八达街118号苏州新闻大厦30F
电话：0512-65233679　　邮编：215123
出 版 人：王乐飞
印　　刷：衡水翔利印刷有限公司
开　　本：710mm × 1000mm　1/16
印　　张：14.5
版　　次：2016年6月第1版
印　　次：2024年4月第9次印刷
书　　号：ISBN 978-7-5546-0684-1
定　　价：35.00元

前言

为什么要学习微表情

为什么每次谈判，你十分谨慎、步步为营，可最后仍被人看穿底细？为什么每次约会，你费尽心思都无法弄清他在想什么，导致最终不欢而散？为什么你兢兢业业、努力工作，却总得不到上司的赏识和信任，而那个比你“懒惰”的人却能步步高升？

其实，这一切都源于你不懂得如何揣测他人的内心，无法掌握他人内心的真实想法。我们每个人天生都具备敏锐的洞察力，都有走向成功的机会，只不过我们很少使用自己的这种能力。本书就是教你如何识人读心，如何从一个人的外在甚至一个细微的表情洞察他内心的真实意图。

事实上，一个人的心理无论怎么掩饰，都会通过一些无意识的细微表情表现出来，心理学上将这种无意识的表情称为“微表情”。虽然微表情几乎可持续1/25秒，但是如果你善于捕捉，那么对方的“心事”都将在你面前暴露无遗。

近几年，微表情心理学作为心理学的一个细分科目，已逐渐兴起，越来越被人们所关注。一方面，持续升温的心理学热潮推动了微表情心理学的迅猛发展；另一方面，有关微表情的影视剧，比如风靡一时的美剧《别对我说谎》，以及热播一时的脱口秀节目《非常了得》，也使得微表情心理学得到了迅速的普及。

在现实社会中，只要是与人打交道，微表情就会在无形之中发挥出它那独有而神奇的作用。

说到微表情，大多数人都会认为这只是面部五官的表情。例如众所周知的眉目传情、眉头紧锁、紧抿双唇等，这些词分别反映了人的眼神、眉头和嘴唇的细微变化，能够从一定程度上反映出一个人内心的情绪变化。如果你可以及时捕捉到他人面部表情的变化并准确解读，那么你就能明了对方的内心世界。

不过，微表情不仅仅包括人的面部表情，人们的肢体表情、语言表情和行为表情也在微表情的范畴之内。比如，一个人说话时不经意摸了摸鼻子，此时，他极有可能在撒谎。又或者，当你与他人交谈时，对方突然抖了抖双腿，如果不是对方有身体疾病，就说明他内心情绪有了变化，或是你所说的话刺激到了他，此外，一个人平时的习惯性动作，比如戴帽子的时候会将帽檐往下压，坐下时喜欢跷着二郎腿等，这些看似随意的举动，都能反映出一个人的个性和内心的情绪。

正是这些面部表情、肢体表情、语言表情和行为表情构成了本书的主体。在此，有必要将本书的一些特点向读者做简要说明。

1. 本书语言文字简洁明了，风格活泼

为了让读者更方便地了解微表情心理学，我们在不失原文意思的前提下，将一些晦涩难懂的心理学理论术语口语化。同时，在每一小节内容后面，我们还配置了一个“心理小课堂”的版块，方便读者更好地理解相关章节的内容。

2. 本书每一个细分的微表情都是独立的，可以单独加以运用

我们并不想撰写一本大部头的心理学理论书籍，为方便读者快速阅读和理解，我们将每个微表情都分篇叙述。每一篇中所讲的一个微表情或者一类微表情都是相对独立的，具有其独立的价值点。

3. 本书去繁为简，知识点丰富，涉及领域广泛

目前，很多微表情类书籍所涉及的知识面较窄。而本书广泛吸纳了心理学上关于面部表情、肢体表情、语言表情和行为表情的研究成果，以简洁化的撰写风格，让读者更全面、轻松地学习微表情心理学。

愿我们的工作能不负读者的期望!

目录 CONTENTS

Part 1 微表情教你一分钟看透一个人

Part 2 面部表情里藏着不会说谎的小天使

Part 3 看一看微动作就知道你在想什么

Part 4 顺着声音潜入灵魂，竖起耳朵聆听内心

Part 5

坐卧立行告诉你他的心理

Part 6

穿衣搭配是人的另一张脸

Part 7 捕捉微表情，不再误信谎言

Part 8 职场微表情，请小心辨认

Part 9

教你一眼看穿他的心

Part 1
微表情教你一分钟看透一个人

微表情作为心理应激微反应的一部分，由人类的本能发出，无法伪装。即使大家平常努力掩饰自己的真实感受，强颜欢笑，都只能在出现第一瞬间的微表情之后，才能装出自己想要表达给大家的表情。所以微表情是了解一个人内心真实想法的最准确线索。

简述人类的表情

人的表情主要有三种方式：面部表情、身体姿态表情和语言声调表情。面部是最有效的表情器官，面部表情的发展在根本上来源于价值关系的发展，人类面部表情的丰富性来源于人类价值关系的多样性和复杂性。

1. 面部表情

人的面部表情主要表现为眉、眼、嘴、鼻、面部肌肉的变化。

眉：眉间的肌肉皱纹能够表达人的情感变化。柳眉竖起表示愤怒，横眉冷对表示敌意，挤眉弄眼表示戏谑，低眉顺眼表示顺从，扬眉吐气表示畅快，眉头舒展表示宽慰，喜上眉梢表示愉悦。

眼：眼睛是心灵的窗户，能够最直接、最完整、最深刻、最丰富地表现人的精神状态和内心活动，它能够冲破习俗的约束，使彼此自由地沟通，能够创造无形的、适宜的情绪气氛，代替词汇贫乏的表达，促成无声的对话，使两颗心相互进行神秘的、直接的窥探。

眼睛通常是情感的第一个自发表达者，透过眼睛可以看出一个人是欢乐还是忧伤，是忙碌还是悠闲，是厌恶还是喜欢。从眼神中有时可以判断一个人的心是坦然还是心虚，是诚恳还是伪善：正眼视人，显得坦诚；躲避视线，显得心虚；斜着眼，显得轻佻。眼睛的瞳孔可以反映人的心理变化：当人看到有趣的或者喜爱的东西时，瞳孔就会扩大；而看到不喜欢的或者厌恶的东西时，瞳孔就会缩小。目光可以委婉、含蓄、丰富地表达爱抚或推却，允诺或拒绝，央求或强制，询问或回答，谴责或赞许，讥讽或同情，企盼或焦虑，厌恶或亲昵等复杂的思想和愿望。眼泪能够恰当地表达人的许多情感，如悲痛、欢乐、委屈、思念、温柔、依赖等。

嘴：嘴部表情主要体现在口形变化上。伤心时嘴角下撇，欢快时嘴角提升，委屈时撅起嘴巴，惊讶时张口结舌，愤恨时咬牙切齿，忍耐痛苦时咬住下唇。

鼻：厌恶时耸起鼻子；轻蔑时嗤之以鼻；愤怒时鼻孔张大，鼻翕抖动；紧张时鼻腔收缩，屏息敛气。

面部肌肉：面部肌肉松弛表明心情愉快、轻松、舒畅；肌肉紧张表明痛苦、严峻、严肃。

一般来说，面部各个器官是一个有机整体，协调一致地表达出同一种情感。当人感到尴尬、有难言之隐或想有所掩饰时，其五官将出现复杂而不和谐的表情。

2. 身体姿态表情

人的情感状态、能力特性和性格特征有时可以通过身体姿态来自发地或有意识地表达出来，从而形成身体姿态表情。当人处于强烈的兴奋、紧张、恐惧、愤怒等情感状态时，往往抑制不住身体姿态表情的变化，比如演员就经常通过夸张的身体姿态来有意识地表达角色的情感变化。

人的身体姿态表情是丰富多样的。正襟危坐可知其恭谨或紧张，坐立不安可知其焦急慌神。手舞足蹈可知其欢乐，捶胸顿足可知其懊恼，拍手时可知其兴奋，振臂时显得慷慨激昂，握拳时显得义愤填膺，不停搓手时表示心中烦躁不安。脚步轻盈表明心情愉快，脚步沉重而不均匀表明处境不佳，脚步迟缓表明心事重重，脚步铿锵有力表明勇敢与坚强。昂首挺胸表明自信与自豪，点头哈腰表明顺从与谦恭。手忙脚乱表明心情紧张，全身颤抖又冒虚汗表明心虚害怕。

3. 语言声调表情

语言本身可以直接表达人的复杂情感，如果再配合以恰当的声调（如声音的强度、速度、旋律等），就可以更加丰富、生动、完整、准确地表达人的情感状态，展现人的文化水平、价值取向和性格特征。

根据语言声调的不同特点可以判断人的情绪状态和性格特征：悲哀时语速慢，音调低，音域起伏较小，显得沉重而呆板；激动时声音高且尖，语速快，音域起伏较大，带有颤音；说话语速较快、口误多的人被认为地位较低且又紧张；说话声音响亮、慢条斯理的人被认为地位较高且悠然自得；说话结结巴巴、语无伦次的人缺乏自信，或者言不由衷；男声中如带气息声，被认为较年轻，富有朝气，富有艺术感；女声若带有气息声，被认为美妙动人，富有女性味；平板的声音被认为冷漠、呆滞和畏缩；喉音使男性显得成熟、世故和老练，判断力强，但使女性失去魅力；女中音和男低音代表暴躁气质；女高音和男高音多表明为人活泼；急剧的变调对比表达暴躁气质；音调的抑扬婉转显露活泼的天性，表明气质温和柔顺；声音的旋律可以表达人的欢乐与苦闷、希望与企盼。

心理小课堂：人类表情是如何形成的

人的表情就是指人通过姿势、态度等表达感情、情意。人之所以有表情，是因为人有丰富的表情肌。表情肌，头肌的一类，多在口裂和眼裂的周围，如眼轮匝肌、口轮匝肌都是起自颅骨，止于皮肤，收缩时可改变眼裂和口裂的形状，皮肤出现皱纹，从而表现出喜、怒、哀、乐等各种表情，还可以参与语言活动。颅顶肌后方以枕肌起于上项线，中部为帽状腱膜，前面以额肌止于额部皮肤，作用是牵动头皮向前后移动，也参与表情动作。

不同种族、不同国籍的人，有一点是共同的，那就是快乐、悲哀、静穆和狂怒等复杂、丰富的面部表情。通过它们可以看出一个人的精神生活和内心变化。因此，人的面部通常被看作人灵魂的一面镜子。人类复杂的表情变化都是通过面部的眉、眼、嘴、鼻的动作变化体现出来的，它们是人体中最富有表情、最生动的部位。而表情变化又是由面神经支配的皮肤、肌肉等一系列复杂的运动来完成的。一旦因为损伤和疾病，面部的皮肤、肌肉失去了面神经的支配，就会出现令人难以接受的面部表情。

何谓微表情

在生活中，控制和伪装的表情数量，要远远多于真实表达情绪的表情数量。很多时候，人们的那些不受控制的细微表情会“泄露”出一些真实的信息。心理学上将这种不受思维控制的，由情绪引发或者习惯使然的表情称为微表情。微表情最短可持续1/25秒，虽然一个下意识的表情可能只持续一瞬间，但这种特性很容易暴露情绪。当面部在做某个表情时，这些持续时间极短的表情会突然一闪而过，而且有时会表达相反的情绪。

人的脸部可以传输信息，它是媒介，是信息传输器。“阅读”一张脸时，有非常多的信息可以帮助人们去发现假装的表情。其中包括脸部的基本结构和肌肉特性：这张脸是很长且棱角分明，还是又圆又胖？通常，看到一张陌生的面孔后，人们会翻阅名片夹，在认识的人里找出脸型相似的人。人们也会通过人们的眼镜、化妆、文身或穿孔等人为装饰来做出自己的判断。

通过“表情”，就能断定自己是不是喜欢某个人。通常人们把这归因于下意识、直觉或是“本能感觉”。

微表情是无意识的，总是一闪而过，通常让人难以察觉。实验证明，只有10%的人能察觉到。比起人们有意识做出的表情，微表情更能体现人们真实的感受和动机。虽然人们会忽略微表情，但是人的大脑依然受其影响，改变对别人表情的理解。所以如果某人很自然地表现“高兴”的表情，且其中不含有其他微表情，就能断定这人是高兴的。但是如果其间有“嗤笑”的微表情闪现，就算你没有刻意去察觉，你会更倾向于认为这张“高兴”的面孔是狡猾的或不可信的。

另外，微表情除了指短暂的表情外，在应用上更倾向于指那些被抑制的表情。譬如说在明显悲伤的情况下，某人表现出大部分悲痛的表情，嘴角却抑制不住地上翘。这说明这个人明显希望表现出悲伤的情绪，但是却不由自主地出现了微笑的微表情。由于自身理性的抑制，表现得不明显抑或较为短暂。类似这样的差异在微表情分析中更为常用。

心理小课堂：微表情在现实中的应用

在现实中，微表情主要应用于以下三种领域：

1. 心理分析

微表情总会不知不觉地暴露自己的内在想法，从而让谎言有迹可循，这也是人类共有的一种特征。比如伤心时面部特征表现为眯眼，眉毛收紧，嘴角下拉，下巴抬起或收紧；害怕时表现出嘴巴和眼睛张开，眉毛上扬，鼻孔张大；愤怒时表现为眉毛下垂，前额紧皱，眼睑和嘴唇紧张；厌恶的表情包括嗤鼻，上嘴唇上抬，眉毛下垂，眯眼；惊讶时，下颚下垂，嘴唇和嘴巴放松，眼睛张大，眼睑和眉毛微抬；轻蔑的表现则是嘴角一侧抬起，作讥笑或得意笑状。

2. 公共服务

在美国，针对微表情的研究已经应用到国家安全、司法系统、医学临床和政治选举等领域。在国家安全领域，有些训练有素的恐怖分子等危险人物可能轻易就通过测谎仪的检测。但是通过微表情，一般就可以发现他们虚假表面下的真实表情。并且因为微表情的这种特点，它在司法系统和医学临床上也有着较好的应用。

3. 医学领域

精神分裂症患者可以从METT训练中受益，使得他们的微表情识别恢复到正常。

微表情背后的微反应

微反应，在心理学上称为“心理应激微反应”。它是人们在受到有效刺激的一刹那，不由自主地表现出的不受思维控制的瞬间真实反应。微反应从人类本能出发，不受思想的控制，无法掩饰，也不能伪装。

微反应包括三个方面的内容：一是本书主要讲解的“微表情”，属于“面孔微反应”；二是除了表情以外的，其他能够映射心理状态的身体动作，心理学家称之为“微动作”，也就是人们常说的“小动作”，属于“身体微反应”；三是语言信息本身，包括使用的词汇、语法以及声音特征，称为“微语义”，属于“语言微反应”。

还记得曾经风靡一时的美剧《别对我说谎》，很多人看完之后，还要实践一下里边用的识谎妙招，幻想有一天能像剧中男主角那样从别人的动作、表情中识别谁在说谎。每一集的剧情里，男主角都能通过识别他人的微反应找到真正的案犯。

现实生活中，我们会发现有一部分人能很好地掩饰自己的真实想法，你看不出他是真的高兴还是曲意逢迎。但事实上，这些伪装得很好的人也会通过微反应泄露自己的真实想法。心理学认为微反应是一种下意识的反应，并不受我们大脑的理性控制，通常都会在你意识不到的情况下表现出来。而且，它恰恰能反映一个人内心的真正意图。

具体来说，人大致有以下几种微反应。

1. 安慰反应

这是人受到负面刺激（批评、压力、否定等）后可能出现的反应。安慰反应在说谎的时候尤其常见且明显，因为说谎是迫于某种压力而进行的行为。如果对话的情境可以确定存在某种压力，那么安慰反应可以映射出此人当时的内心状态——不舒适。

2. 爱恨反应

这是人与人之间心理距离的两个极端——爱和恨所主导产生的反应。爱的时候会希望对方也能爱，会担心对方不爱；恨的时候会主动拉开距离，会咬牙切齿地质问“为什么不爱我”，还会干出更疯狂的举动。身体间的距离，可以体现出人和人之间的心理距离，人的某些行为，也可以体现出其内心的喜爱与厌恶。

3. 领地反应

这是人在自己的“领地”中所表现出来的领导风范。在自己的地盘里，人会表现得放松、自在、威严，还可以丝毫不费力地指挥。如果有人敢于侵入自己的领地范围，则会引起强烈的警觉和反击。观察人的姿态和动作，可以判断出其内心是否具有安全感，而挑战对方心中设定的领地范围，可以激起强烈的愤怒，这些可以帮助建立心理测试中的有效刺激。

4. 冻结反应

这是人在受到意外刺激时的第一反应。突如其来的刺激，会让人瞬间出现短暂的停顿，用来看清状况，思考对策。如果在一个问题后，对方出现瞬间的行为停滞，说明这个问题让对方感到意外，意外的刺激是打破对方心理防线的有效手段。

5. 仰视反应

这是人对自己能力高低、地位差异、胜败预测、优劣定位进行判断后的反应。进化积累的本能，使得人会仰视比自己高大的对象，蔑视比自己矮小的对象；反之，人也会本能地尽量抬高自己的身体以期建立优势，也会在认怂的时候，把自己的身体放低。所以，观察一个人的体态高低，可以判断其内心的自我定位。

6. 逃离反应

这是人感受到厌恶或恐惧的时候产生的反应。如果面对的刺激具有威胁性（可能伤害到自己），而自己又没有改变局面的信心，则会出现逃离反应。远古时代的逃离是跑，现代社会的逃离则多数比较隐晦。出现逃离反应，可以判断出行为人内心对刺激源所持的负面心态，厌恶或恐惧。

7. 胜败反应

这是战斗结束之后的表现。胜利的人趾高气扬，失败的人垂头丧气。如果经过战斗之后，观察到被测试人的胜败反应，则可以用来分析此人心态，还可以用来预测事情的走向。

8. 战斗反应

这是人愤怒的最强体现。引发愤怒和战斗的原因，无论多么具体，都可以归结为生存和繁衍中遇到的威胁，比如“同行是冤家”可以溯源到对生存的威胁，“冲冠一怒为红颜”则可以溯源到对繁衍的威胁。一旦战斗反应出现，除了可以逆推出愤怒情绪之外，还可以预见到“不会轻易放弃”的行为趋势。

了解了这些具体的微反应，我们就能根据对方的表现来判断其真实的内心感受，从而做出最正确的行为反应。

心理小课堂：微反应的分类

人的所有微反应大致可以分为三类：

1．完全随意反应

即人可以通过思维性主观意识控制的反应，如各种可被控制的骨骼肌运动。

2．完全非随意反应

即无法用思维性主观意识控制的反应，如由自主神经系统控制心跳频率、瞳孔缩放、尿感、汗液分泌等。

3．常规非随意反应

即一般不受或不必受思维性主观意识控制的运动，包括：部分复杂运动，如打喷嚏、单脚平衡站立时各肌肉的协调等；习惯反应，长期养成的习惯动作无须思维的参与即可完成，习惯反应是建立判断反应基线的重要标准；本能反应，我更倾向于称之为进化反应，如遇袭时闭眼缩身，意外时短暂静止，焦虑时吞咽口水或者出现尿感、焦急地跺脚，愤怒时肌肉紧绷、鼻孔张大、呼吸加速等。之所以称这些反应为常规非随意反应，是因为其中的绝大部分是可以经过训练而进行思维性主观意识控制的。但是，绝大多数人并不能够在受到刺激后对自身的反应进行完全控制，尤其是在受到多个不相关联的连续刺激后，此类反应的真实性会大大提高。

心理测试：你能判断出哪个是假笑吗

下面是英国特工正在接受一项“相面术”培训的图片。你能判断出在图片1、图片2和图片3中，哪个是真笑，哪个是假笑吗?

先别急着回答，我们来看看关于真笑、假笑的小知识吧。

当国外的科学家搞明白了假笑和真笑的区别后，便将贝克汉姆的老婆维多利亚和英国前首相布莱尔列为假笑最多的人。研究结果表明，当一个人发自内心地微笑时，他的嘴部肌肉会产生运动，眼睛上挤，眉毛微微下弯。但当假笑时，他所动用的却是不同的面部肌肉。在这种情况下，他的嘴巴通常会向外扩张，而眼睛的运动则非常微小。人在假笑时只是嘴角上翘，而真笑时不光嘴角上翘，眼角上部的肌肉还会向下弯曲。

下面来揭晓答案！

图片1

假笑：眉毛和眼周围的肌肉不动，只扯动下半边脸和眼睑的下部。

图片2

自然的笑：这种笑容表现了高兴、愉快的积极情绪。

图片3

害怕的笑：嘴角咧向耳朵，双唇围成矩形。

你猜对了吗？

上面这只是一个小小的测试，并不能直接表明你是否有这样的才能。所以如果你猜错了也不用气馁，毕竟这是一个需要长期学习，并且具有实际经验才能获得的技能。本书以后的内容将一一为你讲解微表情心理知识。

Part2
面部表情里藏着不会说谎的小天使

如果一个人无法有效地控制自己的表情，那他就无法用一颗平常心去看待周围的事物，就无法在与人交往中做到游刃有余。因此，只有让自己始终处于一种心如止水的状态，才能恰到好处地控制好自己的表情，才能在人际交往或职场往来中用自己的表情变化去征服对方，从而达到目的。

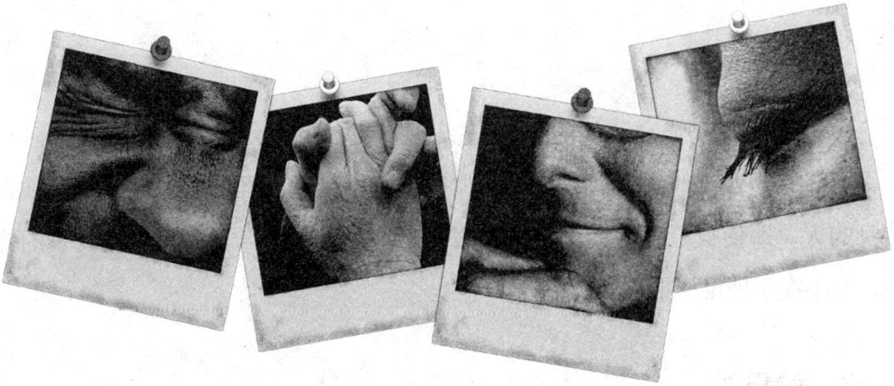

读懂他的“笑”

“笑”的表情有很多种，有微笑、苦笑、嘲笑等。“笑”本来是为了缓和紧张感而生的，然而像嘲笑或怜悯的笑之类，反而是在不愉快的场合中出现的“笑”。

在生活中，我们可以根据不同类型的笑，来了解他人微妙的心理情况。

1. 笑时抿着嘴

这种笑能让人感觉到他的优越感。这种笑，有时会让人觉得不舒服。这种人可能容易轻视他人，而且丝毫不加掩饰，不谙人心理的微妙之处，是独善其身的人。即使自己发生失误，也会假装“不关我的事”，一副若无其事的样子，会不在乎地推托抵赖。

2. 笑声爽朗

这种人性格开朗，从心里感到放松，豪迈的笑与高声笑的人也是这种状况。

只不过，在不太自然的情况下大笑，会令人感觉有别的意图，如故意显示自己很了不起，让人觉得自己很豪爽。有的人外表看起来豪爽，然而内心有强烈的自卑感与不安，想以大笑来隐藏，属于个性扭曲、不想让人看见真心的那种类型。

3. 笑时发出哧哧声

这种人平常性格较温顺，是谨慎保守的老好人，会在别人背后帮忙。假如故意这么笑的话，就有嘲笑人的因素在里头。

4. 笑时不出声，有时候会唇部向上移动，略呈弧形，但牙齿不会外露

这种人大多是比较真诚的，旨在表示接受对方，待人友善。这种人比较亲和，表明个性自得其乐，充实满足，没有太大的竞争心理。

5. 笑时嘴巴向两侧张开，上齿显露在外

表明此人单纯没有城府，可以真诚交往，没有钩心斗角之事。

6. 笑时嘴巴大张，呈现为弧形；上齿下齿都暴露在外，并且张开；口中发出“哈哈哈”的笑声，带有少许的肢体语言

在比较轻松的交际氛围中，哈哈大笑是一个人爽朗、不拘小节的表现，表明此人易与人沟通，且人品值得信任，面对此人不能表现得心胸狭窄，否则会适得其反。

7. 一位女士对男士抿嘴一笑，眼角上翘，上下眼睑距离变小

这是女士表面害羞矜持，内心比较满意的笑容，这就到了男士展现魅力的时候了。

8. 在没有任何征兆的前提下发出笑声，脸部表情少，主要靠声音来表现笑容

这种笑在气氛尴尬的场面下可能是打破沉闷气氛的一种手段，此种笑声表明此人有能力掌控局面。当在一种竞争的氛围下，故意地笑且伴有些许的肢体语言，如伸手拿水杯或拍拍沙发扶手等，那表明他在试图缓解紧张的情绪，寻找对自己有利的因素。

9. 笑时发出的声音比较短促，并伴有不屑的情绪

这时试着只看其眼睛周围，如果没有出现褶皱，眼尾不是向上弯起，表明此人虚伪或对你没有产生交际兴趣。这时避开他擅长的话题，在自己比较精通的领域上多下功夫，才会提高自信，让他对你有所顾忌而不是蔑视不理。

10. 在笑的同时脸泛红潮或者惨白，并且面部即刻表现出扭曲、不自然

表明此人有说谎的嫌疑，或是为被揭穿后有可能造成的形象损害而感到不安。这时可看利害关系，或宽容，或直接揭穿给其致命一击。

11. 笑时总是脸部泛红且时间长，脸部没有激动扭曲

表明只是害羞，这时只需说一句玩笑话就能让他对你心生谢意，从而拉近彼此之间的关系。

12. 笑时像被击中痛处一样，嘴角向上弯曲幅度较大，五官像拧紧一样刻意表现出笑意

这是痛苦的笑。这时对于施痛者的一句幽默反击是解救此人痛苦的最大帮助。如果表以安慰，那么将痛上加痛。

判断一个人是不是从内心发出的笑，只要留意其眼睛和全身即可得知。不自然的笑或有目的的笑，通常嘴角堆着笑，但眼睛却没有笑意。此外，身上也没有很兴奋的反应。

心理小课堂：识别笑容的真假

识别真笑和假笑，最关键的是看鱼尾纹肌。不管是小孩还是老人，在真笑时，都会咧开嘴，嘴角向上，鱼尾纹肌是皱在一起的。无论有没有鱼尾纹，鱼尾纹肌都是一样的。而假笑时，嘴部的表情一样，但鱼尾纹肌是没有什么变化的。

眼神不会说谎

你知道人们眼球的转动常常在向大众传递怎样的信息吗？向哪里看是在回忆，向哪里看又是在思考呢？下面，让我们共同来研究一下眼球转动所透露出的人们内心的秘密。

科学研究证明，在眼球后方感光灵敏的角膜含有1.37亿个细胞，将收到的信息传送至脑部。这些感光细胞在任何时间均可同时处理150万个信息。这就说明，即使是一瞬即逝的眼神，也能发射出千万条信息，表达丰富的情感和意向，泄露心底深处的秘密。所以，眼球的转动，眼皮的张合，视线的转移速度和方向，眼与头部动作的配合，所产生的奇妙复杂的眉目语，都在传递着信息。

科学家对眼睛做了详细的研究，眼睛是大脑在眼眶里的延伸，眼球底部有三级神经元，就像大脑皮质细胞一样，具有分析综合能力；而瞳孔的变化、眼球的活动等，又直接受脑神经的支配，所以人的感情自然就能从眼睛中反映出来。瞳孔的变化是人不能自主控制的，瞳孔的放大和收缩，真实地反映着复杂多变的心理活动。如果一个人感到快乐、喜爱和兴奋的时候，他的瞳孔就会放大至平常的四倍；相反的，如果体验到生气、讨厌、消极的情绪，瞳孔就会收缩得很小；如果瞳孔没有变化，就表示他对所看到的事物漠不关心。

心理学家艾克斯莱恩等人曾做过人们对视的实验。实验结果表明，如果事先指示受测者“隐瞒真意”，在受测中，注视对方的比率，男人会降低，女人则反而提高。男人在未接到指示的情况下，其谈话时间内有66.8%的时间在注视对方；但得到指示后，却只有60.8%的时间在注视对方。至于女人，在接受指示之后，居然能提高到69%的时间在注视对方。因此，当在公开场所遇见女人注视自己过久的时候，不妨认为她可能心中隐藏着什么，要注意她言不由衷的真相。

另一方面，人的视线活动方式，也反映着人的心态。一般认为，目不转睛地注视对方谈话的人较为诚实，但不一定是自始至终都盯着不放。

相反，视线的移开，其情况又如何呢？一般认为初次见面时，先移开视线者，其性格较为主动。另外，谈话中，一个人是否能占上风，在最初的30秒即能决定。当视线接触时，先移开目光的人，就是胜利者。相反，因对方移开视线而耿耿于怀的人，就可能胡思乱想，以为对方嫌弃自己，或者和自己谈不来，因此，在无形中对对方的视线有了介意，而完全受对方的牵制。正因为如此，对于初次见面就不集中视线跟你谈话的挑战型对象，应特别小心应付。

不过，同样是移开视线的行为，如果是在受人注意时才移开，那又另当别论了。一般而言，当我们心中有愧疚，或有所隐瞒时，就会产生这种现象。一位名叫詹姆士·薛农的建筑家，曾经画过一幅皱着眉头的眼部抽象画，镶于大透明板上，然后悬挂在几家商店前，其用意是想借此减少偷窃行为。果然，在悬挂期间，偷窃率大大减少。虽然并不是真正的眼睛，但对那些做贼心虚的人来说，却构成了威胁。他们极力想避开该视线，以免有被盯梢的感觉，因此，便不敢进商店内，即使走进商店里，也不敢行窃了。

我们可以通过他人视线的方向观察其内心。在交往活动中，通过观察人的视线方向，也能透视人的心态。在交往中，如果面对异性，只望上一眼，便故意移开视线的人，大都是由于对对方有着强烈的兴趣。譬如，在火车上或公共汽车上，上来一位年轻貌美的女性，所有人的目光几乎都会集中在她身上，但年轻的男性往往会很快把脸扭向一旁。他们虽然也非常感兴趣，却基于强烈的压抑心理而产生自制行为。假使兴趣欲望增大时，便会用斜视来偷看。这是由于想看清对方，却又不愿让对方知道自己的心思。

我们还可以透过眼睛移动的情况推测他人的心理。在交往活动中，眼睛位置移动情况的不同，其心态也大不相同。譬如，当上级与下级讨论工作时，上级的视线肯定会由高处发出，而且会很自然地直接投射下来。反之，作为下级，虽然并未做任何错事，但视线却常常由下而上，而且往往显得软弱无力。这是由于职位高的人，总是希望对下级保持其威严的心理作用。但也有例外，这与职位高低无关，而是性格原因。一般来说，在交往时，性格内向的人容易移开视线。美国的比较心理学家理查·科斯曾做过一个实验，让患有强度“自闭症”的儿童与陌生的成年人见面，以观测他面对成年人时间的长度。将成年人的眼睛蒙起与不蒙的两种情况相比较，发现儿童注视前者的时间，居然为后者的三倍。这就是说，双方眼光一接触，儿童会立刻移开视线。由此可知，性格内向的人，大都无法一直注视对方。

心理小课堂：十种不同的眼神所反映的心理秘密

生活中，如果我们能够读懂对方的眼神，将对我们的人际交往有很大的益处。心理学家总结了很多关于眼神细微动作的心理秘密，以下是常见的十种。

1．直视对方

“交谈时双眼直视对方”所传递的信息包括双方在一起很放松，很自信，而且对谈话很专注。因此，保持目光接触可留下良好的第一印象。

2．长时间“闭”眼

长时间闭目养神、遮住双眼和耷拉眼皮的心理潜台词是“我根本不想听到这件事”。比如，老板要求员工加班，员工可能会边揉眼睛边回答“没问题”。事实是，他压根就高兴不起来。

3．频繁眨眼

心理学家和体态专家已经发现，紧张或困惑会导致眨眼频率增加。当人们撒谎或感觉压力大时，也可能不知不觉地频繁眨眼。不过，正常的眨眼，表示的意义又不一样，如喜欢向别人眨眼的人，一般都是性格开朗、前卫的人，他们自信大方、追逐时尚，希望自己受到别人的追捧，愿意成为一群人中的焦点。当你的同事从你身边经过时没有向你问好，而是以眨眼代替，你便可推知此人十有八九是个比较注重外在形象、相信自身魅力的人。

4．眼珠乱转

眼睛左右转动或者向下看，通常表明“正在处理信息”。这样的眼神在求职中应尽量避免，否则容易被误解为“缺乏诚意”或“试图掩盖某种事实”。

5．眼角微皱

心理学家发现，人由衷地高兴时，眼角会出现皱纹（鱼尾纹）。而“社交礼貌式”微笑往往只涉及唇部动作，属于假笑。

6．目光躲闪

在谈话中回避目光接触，常被视为不真诚或不值得信赖。然而，心理学研究表明，不诚实的人目光接触反而更多。目光接触少或者没有目光接触，可能是害羞、紧张或无聊等多种心理活动的表现。

7．眯眼

眯眼可表示不适、压力、评判，甚至是愤怒。听话后的眯眼表情通常表明对所听内容产生怀疑、持不同观点或没充分理解。

8．瞪大双眼

当人们对某人或某物感兴趣时，瞳孔会放大。据说，古代波斯的珠宝商人出售首饰时，就是根据顾客瞳孔的大小来要价的，如果一枚钻戒的熠熠光泽能使顾客的瞳孔扩张，商人就把价钱要得高一些。

9．眼睛发亮

多项研究表明，眼睛里的光会随情绪的变化而发生改变。因此，高兴时，眼神会发亮；悲伤抑郁时，眼神会暗淡。

10．眼皮下垂

“不怎么眨眼”或“一脸茫然”说明当事人没有用心听你讲话。厌倦时的体态语还包括反复抠手指，打哈欠，看表等。

眉毛如何“传情达意”

众所周知，人体所有的器官，都有其存在的意义。眉毛的存在，也是有作用的。眉毛广为流传的一个作用，是配合人类的直立行走姿态，防止汗液、雨水等刺激源在重力的作用下直接侵害眼睛。仔细观察一下眉毛，可以发现每根毛发的走向，都是向上或者呈水平方向向两侧生长的。这样的走向可以有效地引导小滴液体避开眉毛下方的眼睛，从两侧流下。

但眉毛的功能不仅是保护眼睛，它对于人类而言，还有另外一个重要的功能，就是表达“心意”。

眉毛既然属于面部的一部分，它就是面部表情不可缺少的成员，换句话说，它所反映的信息和眼睛、鼻子、嘴巴反映的信息一样重要。打个比方，在社交场合，一个人的眼睛、鼻子、嘴巴、眉毛分别有着不同的变化，如果我们只注意到了眼睛、鼻子和嘴巴的变化，而忽略了眉毛的变化，那么，我们从对方面部所获取的信息就是不完整的，这样很容易让我们会错对方的意。

同样，如果对方很善于隐藏，除了眉毛有些细微的变化之外，其他部位往往很难看出什么异样。这时候，我们不注意观察眉毛，那就无从解读对方内心的秘密，也就不会在交际中掌握主动。

眉毛的运动，主要有额肌收缩造成的上扬，皱眉肌主导收缩造成的皱眉，由眼轮匝肌和降眉间肌共同收缩造成的下压。不同的组合，可以形成五种主要形态，而每一种形态所反映的心理也各有不同。

第一种是正常形态。在人们神志清醒，没有受到负面刺激，也没有需要关注的事物，眼睑正常睁开时，眉毛形态为正常形态。眉毛的正常形态大多是两道向下弯曲的弧。

第二种是眉毛高抬。一般来说，在正常的惊讶表情中，眉毛往往和上眼睑一同上提，高于常态，眉毛抬得越高，表示惊讶程度越大。

此外，还有另外一种情况也会抬高眉毛，那就是对自己所说的内容比较自信，甚至认为他人也应理所当然地认可。所以，在明知故问的时候，经常会出现这种快速的双眉高挑。即使在不说话的时候，一个快速的挑眉，也能够让信息接收方了解到这种默契，就像在暗示对方“你懂的”。

第三种是下压状态。下压状态是指眉头、眉体和眉梢整体向下移动，眉毛整体与上眼睑缘之间的距离缩小。眉毛在下压形态时，眼睑也会呈现半闭合状态，如果整体看上去较紧绷，则表示对某种负面视觉刺激源的重度关注。

这种关注源于希望获取更多信息的本能，比如看到某种事物与自己所预期的不相符，一般其内心潜台词是“怎么会这样”。有时也表达不满或者厌恶等情绪。可以归纳出的共同点是，眉毛整体下压，意味着被测试人感受到了压力，下压和眼睑紧绷的程度越大，意味着压力也越大，关注程度也越高。

眉毛下压，眼睑半闭合，这一眉眼动作组合，是很多负面情绪的表现形式，比如不高兴、威胁、忧虑等。

第四种是愤怒状态。当人处于愤怒状态时，眉头会向面孔中线皱起、下压，眉梢向面孔两侧的斜上方挑起。常言道，“剑眉倒竖，虎目圆睁”，描绘的就是这个样子。

愤怒的眉毛状态，是由两种神经系统状态复合而成：一是关注，二是准备进攻。

最后一种是悲伤状态。在人极度悲伤的时候，眉头会抬高，眉梢会降低。在没有充分的悲伤情绪时，要把这个动作做到非常明显是很有难度的。通常，无论是眉头的抬高还是眉梢的降低，都不会很明显，更多的时候，是一种相对的位置改变。而这种相对的改变，是要根据被测试人在平静表情时确立的基线状态来判断的。

其实，眉毛的各种变化和各种不同心态是相一致的。观察一个人的心理活动，看他的眉毛是很必要的，尤其是在眉毛运动的时候。

1. 扬眉

当一个人双眉上扬时，表示非常欣喜或极度惊讶；单眉上扬时，表示对别人所说的话，做的事，不理解或有疑问。

2. 皱眉

皱眉分为两种，即防护性和侵略性皱眉。防护性皱眉的目的是保护眼睛免受外来的伤害，在皱眉时还需把眼睛下面的面颊往上挤，眼睛仍是睁开的。当面临外界攻击或突遇强光、强烈情绪反应时通常会有这种反应。侵略性皱眉是出于防御时的反应，这种皱眉是担心自己侵略性的情绪会激起对方的反击，与自卫有关。如果一个人深皱眉头，表示这个人内心忧虑或犹豫不决。

3. 眉毛打结

眉毛打结指眉毛同时上扬及相互趋近，和眉毛斜挑一样。当人们有严重的烦恼和忧郁时，通常会表现出这种表情，有些慢性疼痛的患者也会如此。

4. 眉毛闪动

眉毛闪动就是眉毛先上扬，在瞬间内再下降，像流星划过天际，动作敏捷。这是全世界人类通用的表示欢迎的信号，是一种友善的行为。当眉毛出现闪动时，说明对方心情愉快，内心赞同或对你表示亲切。眉毛闪动通常伴有扬头和微笑，但也可能自行发生。眉毛闪动经常出现在一般对话里，作为加强语气之用。每当说话时要强调某一个字时，眉毛就会闪动，像是在强调“我说的这些都是很惊人的”。

5. 耸眉

眉毛先扬起，停留片刻，然后再下降，就是耸眉。耸眉还经常伴随着嘴角迅速而短暂地往下一撇。耸眉表示的是一种不愉快的惊奇，有时也表示一种无可奈何的样子。此外，在热烈的谈话中，当讲到重要处时，人们也会不断地耸眉，来强调他所说的话。

6. 眉毛斜挑

眉毛斜挑是两条眉毛中的一条向下倾斜，另一条向上扬起，扬起的那条眉毛就像一个问号，反映了眉毛斜挑者那种怀疑的心理。在成年男子脸上能较多地看到这种无声语言。

心理小课堂：交际场合中眉毛表情背后的心理

心理学家认为，眉部的动作是一种与生俱来的动作，人们早在远古时期就已经开始用轻抬眉毛这一动作向距离自己稍远的人打招呼，以示问好。发展到今天，眉部动作已经变得非常丰富了，除了向人表示问候以外，还有以下几种含义：

在交际场合中，一个人单眉上扬，则说明他对对方的话表示不理解、心存疑惑；如果是双眉上扬，则说明他对对方所讲的内容很感兴趣，对对方的论断和观点感到欣喜或惊讶；如果这个人在听到对方的话时，皱了皱眉头，则暗含拒绝、不赞成对方想法的意思，这时交际最容易陷入困境；如果这个人的眉毛迅速上下活动，一副眉飞色舞的样子，则明显说明他的心情很愉悦，在内心对对方的话大加赞赏或者有着强烈的心理共鸣；如果这个人的眉角明显下拉，则说明他对对方的话感到嫉妒、气愤和懊恼，这时候，也就是“山雨欲来风满楼”的阶段，下一刻说不定就是他爆发的时候。

透露心底想法的六个嘴部小动作

嘴巴的作用是进行语言表达，是人宣泄内心情感的重要通道。人际交往离不开语言交流，在与人交流时，嘴部动作也是丰富多样的。其实这些嘴部动作都与说话人的心理活动存在联系，都能反映出说话者的内心状态。无论是古代的相术还是现代的心理学，嘴部都是需要特别关注的部位，是打开人内心世界的一把钥匙。

自古以来，嘴部动作都是心理学家热衷的研究话题。达尔文很早就指出，以手掩嘴是一种吃惊的姿势，说完话后突然以手掩口的人，暴露出一种由自我怀疑到完全说谎的情绪（掩嘴还有偷乐、吃惊、害羞或短暂的思考之意）。生理学告诉我们，人的脸部肌肉会随着感情的变化而变化，其中尤以眼睛和嘴部四周的肌肉最为明显。根据嘴角弧度的不同，嘴部动作可以分为很多种，或张开或闭合，或向上或向下，或向前或向后，或抿紧或放松，不同的嘴部动作反映了不同的心理活动。例如，嘴角上扬表示喜悦，嘴角下垂表示痛苦，嘴巴大张表示惊讶，嘴唇紧闭表示生气等。

心理学家研究了种种嘴部动作所代表的心理状态，最常见的有以下几种。

1. 舔嘴唇

当人们面临很大的压力时，通常会感到口干舌燥，于是会用舌头不断地舔舐嘴唇，来让它湿润些。同样的道理，当人们感到不自在或者紧张时，也会用舌头反复地摩擦嘴唇，以此来安慰自己，并试图使自己镇定下来。

然而，在人际交往中，过多地舔舐嘴唇并不会令人感到更自信，相反的，它会让人感到更加紧张。因此，类似这样的抚慰性动作还是尽量少一些的好。

2. 咬嘴唇

咬嘴唇其实是释放压力的一种方式，当人们心有愤怒或怨恨，却又苦于无处发泄时，常常以此来表达自己内心的不满和紧张。比如，英国已故王妃戴安娜就常常咬嘴唇。而当我们遭遇失败等情形时，也常常会做出咬嘴唇的动作，似乎是在有意惩罚自己。

心理学家认为，咬嘴唇的动作源于婴儿时期的吮吸动作，类似的动作还包括咬指甲、咬笔杆或嚼口香糖等。这些动作不仅能帮助我们摄入必需的营养，还能帮助我们平复心情。

3. 捂嘴

捂嘴的动作常见于儿童。当孩子们撒了谎之后，他们可能会立刻用一只手或双手捂住自己的嘴巴，似乎是想以此来管住自己的嘴巴，不让其再说不该说的话。

成年以后，人们很少再做出如此夸张的举动。但是，每当他们撒了谎，或者说错了话之后，依然会把手伸向嘴巴，似乎是想以此来收回刚才所说的话。只不过，他们举起的手并没有放在嘴巴上，而是在轻轻划过鼻梁后，最终又归于原位。

4. 抿嘴

当人们面临压力时，一种常见的反应是藏起或抿紧自己的嘴唇。随着压力越来越大，原本丰满的嘴唇会逐渐变得扁平，最终成为一条直线。此时，人们的情绪和自信也跌至谷底。

从心理学的角度来看，嘴唇紧抿是自我抑制的表现，就好像是大脑在告诉我们“紧闭嘴巴，不要让任何东西进入身体里”。这个动作将当事人的焦虑之情暴露无遗。

5. 撇嘴

当人们不开心的时候，经常会做出下唇向前伸、嘴角下垂的动作，也就是我们常说的撇嘴。与嘴角上扬表示喜悦相反，撇嘴的动作表达了一种负面的情绪。每当人们感到悲伤、绝望、愤怒、不屑、鄙夷的时候，他们脸上就会浮现出这样的表情。

6. 噘嘴

当一个人的嘴唇往前噘的时候，往往表明他心存不满情绪或者不同意见。从心理学的角度来看，这是当事人希望将不满意的意见“拒之门外”的意思。我们经常看到，在开会时，当一个人不同意其他人的意见时，往往会做出这样的举动。

值得注意的是，除了心存不满外，噘嘴的动作也常见于爱撒娇的女性。因此，具体分析时，要联系不同的肢体语言和情景来做出判断，不能一概而论。

心理小课堂：从嘴角弧度判断一个人的内心世界

1．下嘴唇往前撇

表明他并不相信你所说的事是真实的，并且他还想立刻找到证据来反驳你说的话，直到你承认自己说的是假的为止。

2. 上下嘴唇一起往前噘

表明此人的心理可能正处在某种防御状态。

3. 嘴角老是向下撇

此种人性格固执、刻板，并且内向、不爱说话，很难被说服。

4. 嘴角稍稍有些向上

这种人头脑机灵，性格活泼外向，心胸也比较豁达，能与人很好地相处，很随和，是标准的绅士。

5. 嘴抿成一字形的人

其性格坚强，是实干家的形象，交给他的任务一般都能圆满地完成，并因此而得到上司的赏识，有较多的机会得到升迁和提拔。

6. 交谈时嘴唇的两端稍稍有些向后

表明他正在集中注意力倾听谈话，这种人意志不太坚定，容易受对方的影响，并且也有半途而废的危险。

7. 喜欢把嘴巴缩起的人

干活认真仔细，是一个好帮手，但不适合做领导，因为疑心病很重，不容易相信下属，往往有后院起火的危险。另外，这种人还容易封闭自己。

你的情绪，鼻子可以告诉我

人类用语言来联络感情，而在动物的世界里，表情是它们联络感情、表达情绪的主要途径。仔细观察，你就会发现大多数动物喜欢用龇牙和扩张鼻孔来向对方传递攻击信号。尤其是像黑猩猩这样的灵长类动物，每当它们生气发怒的时候，往往会将鼻孔扩张得很大。从生理学上来说，它们这样做是为了让肺部吸入更多的氧气，但是，从心理学上来说，它们这是在为战斗或逃跑做准备。

和其他动物一样，人类也能用鼻子来表达自己的情绪。比起其他动物，人类运用自己身体的各个器官应该更为灵活。那么，鼻子当然也在我们的运用范围之内，我们在表达自己的情绪时自然也会借助鼻子。

在医学上，鼻子是呼吸系统中的重要器官。鼻子居于整个面部的中央，高高耸立，上接天庭，下临人中。它的主要功能是辨别气味，吐故纳新，是人体的主要器官之一。

很早以前，就有学者研究表明：人的鼻子是会动的。学者观察发现，在受到异味和香味刺激时，鼻孔会做出明显的伸缩动作。在气味较刺激的情况下，整个鼻体也会微微地颤动，接下来往往就出现打喷嚏现象。这些动作，都是在发射信息。

人们常常将那些高傲的人称为“鼻孔看人”，虽然鼻孔并不具备看人的构造和功能，但在高傲者的情绪表达过程中，它却很喜欢扮演这样的角色。将头颅高高扬起的人传达着一种不屑、骄傲的情绪，他们仰头的样子，就好像是要将自己的鼻子高高耸起来一样。而在日常生活中时常将自己的鼻子高高耸起的人，则多是清高、不合群的家伙。

粗大的鼻子显示一个人有着充沛的生命力，相反，鼻子细小则给人一种单薄的感觉。前面所说，人五官中的眼、嘴甚至是眉毛都能显示一个人的性格，鼻子当然也不例外，光是鼻子的形状就能很清楚地告诉我们，它的主人有着什么样的性格特征。

回想一下，当我们在和别人交谈的时候，如果我们对对方的话表示犹豫或者对对方不信任，那么，我们通常会用手不停地摸自己的鼻子，从而来释放我们内心的不良情绪，缓解双方之间的尴尬气氛。这时候，如果对方能够从我们摸鼻子的动作中解读出我们内心的秘密，那么，他就会采取相应的措施来补救，否则，我们和对方之间的交谈肯定会以失败而告终。

可见，对鼻子动作的解读同样是交际中不可或缺的重要内容之一。

鼻子除了协助口腔来制造鼻音之外，它也有自己的声音表达方式。它奇特的构造让自己具备发声的先天条件。当受到外界刺激的时候，鼻子就会以自己独有的语言来发出声音，最常见的就是喷嚏。在打喷嚏之前，鼻子会出现频繁的颤动，伴随着肌肉的抽搐，一个响亮的喷嚏就出来了，这可算是鼻子所有情绪表达中最激昂的了。

如果人们过于悲伤，就会流泪哭泣，这时候眼泪总是以夸张的方式获取最大关注，号啕的嘴巴也是哭泣的重要组成部分，但鼻子也会在这种时候出现自己的声音。哭泣中的人，鼻子会通过不断抽搐而发出“嗤嗤”声，这样的声音出现就说明此人所受到的刺激较大，情绪压抑的程度较高，算是哀伤层级的一个判断标准和信号。有时候，当眼泪和哭嚎结束之后，人们还会依旧处于悲伤情绪中，此时鼻子也会持续发出抽搐的声音，来表现自己难以自拔的低落。

此外，鼻子在有些情况下可以通过自己的方式泄露人们内心真实的想法。当一个人表达自己的怀疑态度时，鼻子就会微微向上提起，同时鼻腔里会发出“嗤”的一声。虽然他没有开口说话，但这个声音就是立场最鲜明的表达，出现这个气声的人显然对别人的意见持否定态度。

心理小课堂：各种鼻型所代表的性格

鼻型有很多种，不同鼻型的人，性格也不相同。

1. 长鼻

这种人富有理性，又具有美感，不过社交能力不是很强，因此这种人喜爱孤独，并能享受孤独。

2. 短鼻

这种人正好和长鼻子的人相反，他们个性开朗，大而化之，但是他们意志不是十分坚定，观点不够鲜明，容易受他人影响，是一种比较容易被说服的人。

3. 段鼻

鼻梁中间呈段层状的鼻相，诚如外表的印象，鼻梁有段层者多半是顽固之人。他们的性格具有强烈的攻击性又欠缺协调性，生性顽固而不知“退一步海阔天高”的道理，也正因为这样而经常得罪人。

4. 袋鼻

指鼻高、鼻梁略带弧形，鼻头下垂成钩状，两侧鼻翼厚且不太露孔。这种人多善于精打细算，生财有道，擅长交际。

5. 袋鼻变形

和前面的袋鼻不同的是袋鼻的肉厚，而这种鼻子相对而言肉薄，还带着一点时髦感。此种人对人非常亲切，绝对不会牺牲别人的利益来满足自己的私欲，因而受到大家的青睐。

6. 希腊鼻

是指在希腊雕塑中经常能看到的一种鼻子的形状，它的鼻梁非常挺直，成一条有坡度的直线。这种人品位相当高，对美或高尚的事物造诣很深，又对艺术有很好地理解能力，有优越的才能。这种人更是一个理想主义者，对自己非常有信心。

7. 凹陷鼻

凹陷型的鼻子是指鼻梁不是一条直线，也不是隆起，而是凹陷的。有这种鼻型的人性格比较开朗，对陌生人有一种莫名的亲近能力。

8. 直线鼻

这种鼻型呈一直线，和希腊鼻型不同的是希腊鼻比较高耸，而这种鼻型比较低一点，但也不是矮小。这种鼻型的外观比较时髦，这种人对细小事情顾虑太多，对自己的事情考虑太多。这种人头脑清晰，在工作上或通往成功的大道上都能顺利。

心理测试：你的情绪指数有多高

面部表情是指人的脸部表情动作。面部表情包括眼、眉、嘴等的变化，人的面部表情的变化是人各种情绪变化的体现。下面就通过一个面部表情小测试来看看你的情绪指数有多高吧！

当你早晨起来，看到自己的脸油油亮亮又脏脏的时候，你会有什么样的表情呢？

A. 没表情的呆脸

B. 生气的大臭脸

C. 皱眉的苦瓜脸

结果解析

选择A

你的情绪指数为50%，只有感情这件事情，才会让你的情绪起波动。

这种类型的人在工作上很理性、独立，无论有什么脾气都会尽量压抑下来，觉得不可以太情绪化，因为这样不够专业。不过在私生活上就很容易情绪化，很容易为了感情的事情让情绪上下波动。

选择B

你的情绪指数为20%，内敛的你，喜怒哀乐都会往心里藏，不想让大家担心。

这种类型的人很压抑，认为自己是让大家依靠的，所以有很多的苦都往心里藏。

选择C

你的情绪指数为99%，感情脆弱又敏感的你，很容易因外在的人或事物而影响情绪，然后就把情绪写在脸上。

这种类型的人属于感觉派，只要感觉一来，就会变得非常脆弱敏感，常常很担心别人是不是不喜欢他，自己是不是不够好，等等。

Part3
看一看微动作就知道你在想什么

有时候，一些细微的动作和表情完全出于人的本能，它不受思想的控制，无法掩饰，也不能伪装。因此，我们从一些微表情与动作中就能识别他人的性格。而学会从细微处识别他人性格，将会使你的生活与工作获益匪浅。

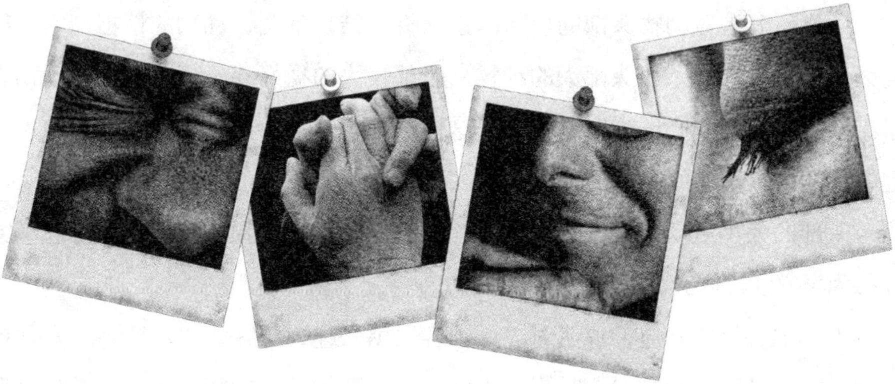

点头就是YES，摇头就是NO吗

人的语言和肢体语言都受大脑的指挥。人的所有表情器官和神情都集中在头部，因此头部往往是人们关注、观察身体语言的重点。可以说，观察一个人，从头部所得到的信息是最为准确的。

性格研究者对动物头部的形状做过分析，结果证明，动物的性格与它头部的大小有很大的联系。头部大的动物一般都较为凶猛好斗，而头部小的动物大多比较温驯。美国心理学家还提出了这样一个观点：头部越大、越饱满的人，他的智商可能就越高。

头部的大小可以反应性格、智商，头部的动作又能预示什么呢？心理学家和行为学家经过研究，得出以下结论：

人们把头偏向一边，说明对谈话内容很感兴趣，正在集中注意力，全神贯注地倾听，甚至完全被对方吸引，也就是“侧耳倾听”的状态。小孩子听故事时，就是这样。

头挺得笔直，说明他保持中立态度，对谈话内容或说话的人，仍在仔细审视，因此，这个时候并不适合让对方回答决定性的问题。

低头向下，往往说明这个人对谈话内容不感兴趣，或者持否定态度，想通过回避目光交流的办法，隐藏自己的想法。

脑袋朝前伸，是一种攻击性的动作，往往给人一种压力，暗示着他可能马上要命令你去做什么。

头部向后仰，往往代表着无奈、退让、迟疑，或是想要释放什么，也就是我们常说的“仰天长叹”。比如，我们经常在做完一件重要的事情之后，如释重负，头部不自然地往后靠在椅子上。

当我们知道这些头部动作的秘密后，我们在与人交谈时，就可以揣摩别人的心理状态了：如果对方偏着脑袋，说明你讲得很精彩，完全吸引了他的注意力；如果对方头挺得笔直，说明他对你讲的既不讨厌也不太感兴趣，这时可以试着换个话题来吸引对方；如果他开始后仰或低头，说明你讲得有点无趣或者有些惹人烦了，这时要赶紧提高音量，讲个笑话，缓和一下气氛，把对方的心拉回来。

总之，我们能通过他人头部的动作得到一些重要信息。以下是常见的几种：

1. 点头

点头表示答应、同意、理解和赞许，大多是表示同意的意思。但是这个动作如果做得过于频繁，会给人敷衍的感觉。

2. 抬头

它表示的是有意投入的行为。

3. 摇头

大多数情况表示否定，但也有不同。把头猛力转向一侧，再使它迅速回复到原来的位置，这是单侧的摇头，表示“不”的信息。把头部半转半倾斜向一侧是一个友善的表示，仿佛同路人在打招呼，它传递的信息是“见到你非常高兴”。晃动头部，常被用来表示惊奇、震惊、惊讶的信息，隐含了刚得到的消息是那么不寻常，事情出乎预料，以至于必须晃动头部来确定这不是做梦。

4. 头部猛然上扬然后回复平常动作

如果是初识或不熟悉的人，头部上扬代表很吃惊的样子。如果是在彼此熟悉的场合时，则表示当事人突然明白了某事物的要旨，是猛然醒悟的表现。

5. 低头

将头部垂下呈低头的姿态，所表示的基本信息是屈居人下，如果是居上位者做此动作时则表示消极。在商务交往中，低头这种身体语言是非常不受人欢迎的。

6. 头部僵直

这是心里觉得无聊、苦闷的表现。在现代商务活动中，头部挺得笔直说明在与谈判的对话人之间持中立态度。

7. 头部向前伸并朝向感兴趣的方向

这个动作表示心中满怀爱意，也可以表示满怀恨意。前一种情况是两个相爱的人，伸长脖子并神情专注地凝视对方的眼睛，沉醉于美好的感情之中；后一种情况是两个冤家或者仇家探出头部，表示他们不畏惧或者藐视对方，而且瞪视对方来表示仇恨。

8. 头部往侧面方向移开

基本上属于保护性的动作，比如把脸部移开以回避对身体有威胁或者造成伤害的事物。在特殊情况下，这个动作伴随掩饰脸部而隐藏自己的身份和表情。

9. 头部后仰

这是表示骄傲和自信的动作，像势利小人或非常有自信之人鼻子朝天的姿态。一个人会把头部向后仰，其情绪变化包括从沾沾自喜、自命不凡到自认优越。基本上，这种动作体现的是挑衅的态度，因此要尽量少用这个动作，因为骄傲的外表和挑衅的姿态会给人造成不好的印象。

10. 头部缩回

这是回避的动作，同时表示对事物的不满或者不认可。

11. 头部歪斜

这个动作源自小时候舒适的依偎——小孩把他的头部静静依靠在父母的身上，属于一种撒娇行为。当成年人（大多是女性）把头歪向一侧时，此景就好像倚在想象中的保护者身上一样。如果这个动作是用来玩弄风情或者故意用来吸引别人的，那么便有假装天真无邪或故意卖俏的意味。

12. 突然把头低下

隐藏脸部，用来表示谦卑与害羞。如果在心怀敌意的情况下，把头低下则表示头部有紧迫的负荷。

心理小课堂：头部动作的分类

莫里斯博士是英国著名的人类行为学家，他将触摸头部的动作细分为650种，然后又归纳整理为以下四大类：

1．属于整理身体的动作

将手举向头部做出“擦”“抓”“摸”等动作，这类动作本来是用以保持头部清洁的，但是，当我们脱离本来的目的，陷入情绪混乱或紧张状态时，往往会做出类似整理头部的神经质的行为。

2．属于隐蔽动作的接触

包括对噪音感到不耐烦时的用手掩耳，气味过烈时用手捂鼻等动作，这类动作是为了挡住外界的强烈刺激侵入感觉器官。此外，当内心万分痛苦而哭泣时，用手捂着脸的动作也属于这一范畴，这是一种企图掩饰的姿态。

3．自我亲密性的接触

这类接触的目的，是为了获得精神上的安定，是下意识所形成的心理作用造成的。在这一类的头部接触中，我们最常做出的动作，就是一肘靠在桌面上，用手掌支撑着一侧头部的姿态。除了这种以手撑头的动作之外，在我们经常做出的动作中，还有一种并拢中间三指或四指，手背朝外，轻轻拍打额头的行为。这种姿势大致上可看作是腼腆、困惑心理的表现。其动机在于尝试用紧贴额头的动作，去克服精神上的不平衡。

4．特殊象征的接触

为了强调正在用脑思考，在痛苦或思考中双手抱头，也是这种象征性的特殊接触。用手指或笔“咚咚”地敲头，或者用手掌贴着头部不动等动作，就属于这一范畴。

握一次手就探知到对方的心理

握手礼仪是现代社交礼仪中最常见的一种，除了表示友好、亲近的意思外，还表示见面时的寒暄，告辞时的道别，以及对他人的感谢或祝贺、慰问等。握手礼仪不仅是中国人最为常用的一种见面礼和告别礼，也是国外最常见的一种礼仪。

据古籍记载，早在“刀耕火种”的原始时代，人们就有见面先摸手的习惯。狩猎和打仗时，人们手中拿着棍棒和石头作为武器，以防不测。陌生人相遇，如双方都怀有善意，就都先放下手中的东西，伸出一只手来，让对方摸摸掌心，向对方表示自己手中没有任何武器。而后，两人再互相摸右手，以示友好。久而久之，这种“摸手”的习惯就逐渐演变成今天的“握手”了。

几乎每个成年人都会经常遇到握手的场合，可你是否知道握手其实也有门道呢？握手也有讲究，当手和手接触的那一刻，也是一种交流，这就好比有一种电波在你和对方之间传输一样，一旦你们俩握手了，这种电波瞬间就会在彼此之间产生。

英国著名的企业家布莱兹是退休后创办食品公司的。开业时，雇员仅仅6人，20年后发展成为拥有5000人，年销售额超过4亿美元的大公司。

布莱兹在老年时期为何能取得如此巨大的成就？她说，她是从懂得真诚握手开始的。

布莱兹在自己创业前，是一家公司的推销员。有一次，开了整整一天会之后，布莱兹排队等了3个小时，只为了同销售经理握握手。可是销售经理同她握手时，只与她的手碰了一下，连瞧都不瞧她一眼，这极大地伤害了她的自尊心，工作的热情再也调动不起来。当时她下定决心："如果有那么一天，有人排队等着同我握手，我将把注意力全部集中在站在我面前同我握手的人身上——不管我多么累！"

后来，她也是这么做的，从她创立公司的那一天开始，她多次同数人握手，总是记住当年所受到的冷遇，公正、友好、全神贯注地与每一个人握手。结果她的热情与真诚感动了每一个人，许多人因此心甘情愿地与之合作，于是她的事业蒸蒸日上。

握手可以表现出一个人是否真诚。真诚的人握着你的手时是暖暖的，虽然他的手的实际温度或许并不高，但他的真诚与热情能通过两只手传递过来，让人对他产生信赖和好感。

有些人跟人握手时，只不过是轻轻一碰就松开，而且是一面与人握手，一面斜视其他地方，或东张西望，这是极不尊重对方的表现。这些缺乏真诚、不尊重对方的毫无活力的握手，对形象是有百害而无一利的。

有一个经理人说："我不想和那个客户做生意，他是我见过的握手最无力的人，手冷冰冰的，我们每握一次手，我对他的信赖就减少一分，因为握手软弱无力的人缺乏活力，缺乏真诚。"

美国社会学专家约翰说道："握手是一门如此有趣的艺术，它让我们在瞬间产生种种推测和判断。握手的信息是无言的，但它却是那么的丰富和微妙。握手是如此的感性，但它却在对方开口之前，让我们感受到他的内心活动。"确实如此！通常，性格热情的人会有力地握住你的手，上下摇动以表示渴望与你相见。性格冷淡甚至内心冷酷的人伸出的则是冰冷、僵硬无力的手，像一条死鱼。

在所有的握手方式中，最让人憎恨的就是“死鱼”式的握手。如果对方采用这种握手方式，那他伸出来的手会让你感到像是抓着了一条死鱼，你会立刻感到被拒绝、排斥，这是最没有礼貌、最破坏自己形象的握手方式。这种握手让人感到对方内在性格冷淡、虚弱、傲慢、无知、愚昧，他不但内心冷漠，而且还愚笨到不知道如何假装礼貌。虽然并非每个用“死鱼”式握手的人都是这样的性格和态度，但是这样的握手留在别人心中的不良第一印象却是极难弥补的。

握手是最常见的普遍运用的礼节，随着握手的位置的不同，表达感情的程度也不一样。心理学上把握手动作简单地分为以下几种类型：

1. 统治型握手方式

握手前先和对方对视片刻，或者在握手的过程中故意翻转手腕把自己的手掌压在对方的手掌之上。这种人往往具有极强的统治欲，他企图通过握手之举从心理上压倒对方。

2. 适中型握手方式

握手时手掌富有弹性、结实圆滑，让人感觉很舒服的人，做事情往往有进有退、伸缩自如，是交际场合的高手，常常能够八面玲珑、左右逢源，靠着他们的自信和头脑把交际对象轻松拿下。

3. 保守型握手方式

握手时肘部的弯曲度成直角，手臂不愿意伸长，喜欢将手臂贴近身体，好像怕被对方抓住不放一样，这种过于谨慎的表现，充分展示出保守的个性。

4. 夸张型握手方式

在握手的时候故意做出很夸张的动作，握着对方的手不停摇晃，好像很热情的样子。这种人最爱自我吹捧、出风头，企图让所有的人都觉得他很热情、亲切，没想到他的做法反而适得其反，让人很反感。

5. 大力型握手方式

握手时力大无比，好像想把对方的手捏碎一样。这种人是控制欲极强的人，他们喜欢按照自己的意志办事，希望所有人都服从他，不容许别人背叛他，否则，他就视对方为仇人。

6. 无力型握手方式

握手时手指软弱无力，没有半点力度的人，严重缺乏自信心，做事情容易打退堂鼓，喜欢妄自菲薄，常常表现得过于悲观，对任何事情都缺乏积极性和责任感。

陌生者之间第一次身体接触就是握手，虽然只有短短几秒钟的时间，但它却是如此之关键。握手的方式、用力的轻重、手掌的湿度等等，像哑剧一样无声地向对方描述你的性格、可信程度、心理状态。握手的质量表现了你对别人的态度是热情还是冷淡，积极还是消极，是尊重别人、诚恳相待，还是居高临下、敷衍了事。一个积极的、有力度的握手，表达了你友好的态度和可信度，也表现了你对别人的重视和尊重。一个无力的、漫不经心的、错误的握手，立刻传送出了不利于你的信息，让你无法用语言来弥补，它在对方心里留下了对你非常不利的第一印象。有时甚至会失去极好的商业机会。

心理小课堂：握手的禁忌

禁忌一：忌戴手套

国际惯例中，只有女性在社交场合可以戴着薄纱手套。女性所戴的薄纱高袖手套属于社交装，它跟无袖礼服配套，平时可以不摘。不过，像我们一般所用的御寒的那种手套，皮的、毛的、羽绒的，与别人握手时则一定要摘。摘掉手套握手，通常表示尊重对方。

禁忌二：忌心不在焉

握手时不看着对方，表情呆板，不说话，心不在焉，还真不如不握手。

禁忌三：忌伸出左手

握手，尤其跟外国人握手时，一定要记住：一般只用右手，通常不用左手，除非没有右手。因为很多国家，像新加坡、马来西亚、泰国或印度等国，人们的左右两只手往往有各自的分工。右手一般是干所谓的清洁、友善之事，如递东西、抓饭吃或行使礼节；而左手则是干所谓的不洁之事，如沐浴更衣、去卫生间方便。你用自己的左手去跟那些有此顾忌的人握手，等于是把一只脏手伸向他人。

顺便提一下，英语文化圈中，右是上位，是好的位置；而左是下位，是不好的位置。在英语中，“左撇子”有骂人之意，“左撇子”往往就是蠢笨的意思。

禁忌四：忌交叉握手

在国际交往中，尤其是与西方人握手时，应力戒此举。它被视为大大的不吉利。

吃相暴露真本性

民以食为天，没有人能离开食物。心理学家通过研究分析人们吃东西的习惯，发现一个人吃东西的习惯也能反映他的性格特点。

有的人吃饭很快，饭菜一端上来就开始狼吞虎咽。这类人一般性格比较倔强，脾气有些急躁。但他们坦率开朗，一旦得到满足，就会非常慷慨大方。

有的人喜欢一边做着饭菜，一边仔细品尝，正式开餐的时候反而吃得很少或者不吃。这样的人通常温柔善良，乐于奉献，看到自己关心的人开心会非常满足。

有的人喜欢一边走路一边吃东西，比如在百忙之中抓起一个面包和一杯可乐，急匆匆地冲向和客户约定的地方。虽然在旁人眼里他们总是忙忙碌碌的，但实际上这种人办事有些缺乏条理和规律，情绪控制能力比较差，喜欢凭一时冲动做事。

有的人喜欢在吃饭的时候看书或者看电视，虽然这种习惯对健康不利，但这样的人却往往思想丰富、想象力强，心里装着很多梦想和计划。因此，类似场景在青少年中很常见。如果成年后还保留着这样的习惯，则说明他思维敏捷，时间观念很强，喜欢“一心多用”。

还有的人总是热衷于参加各种各样的饭局，对于他们来说，真正需要的是交际，而不是吃饭。因此，事实上他们内心深处可能比较孤独，非常需要有人陪伴，渴望与他人在一起。

以上所说的是人们饮食的习惯与性格的关系。那么饮食的动作与性格之间是否存在联系呢？心理专家研究表明，不同的饮食方式也能反映一个人的性格特征。具体来说，分为以下几种：

1. 狼吞虎咽

上饭桌前表现为坐立不安，食物一上桌就狼吞虎咽的人，大都曾经吃过苦，少时家贫，但工作积极肯干。

2. 吃完一种食物再吃另一种

这种吃食习惯显示这类人对每一件事都极为专注，不会忽略某人和某事的细枝末节。

3. 来者不拒

这类人对食物不选择，代表个性随和，不拘小节，生命力旺盛，多才多艺，可以同时应付多种工作。

4. 浅尝即止

这类人食量小，个性保守，行为谨慎，墨守成规，稳健有余而闯劲不足，一般是守业者而非创业者。

5. 将食物分成小块逐一食用

这类人小心而谨慎，做任何事都很细致，但有时难免流于保守和顽固，善处守势，不习惯采取攻势。

6. 独食独享

总爱单独进食，不愿与人分享的人，性格多半坚毅沉稳，责任心强，言行一致，信守诺言，工作令人满意。

7. 细嚼慢咽

进食速度缓慢，会细细咀嚼品尝的人，办事态度周详、严谨，无把握的事绝不做，爱挑剔，对人有时过于冷酷。

8. 暴饮暴食

进食不知节制，爱吃的食物非饱不休的人，性格直爽，喜怒溢于言表，从不掩饰自己的感情，且不善于仔细地思考。

9. 注重卫生

这类人饭桌上讲究饭具的清洁，进食时即使一块小骨头掉在地上也要捡起来，以方便服务员收拾。这样的人通常会赞赏别人所做的努力，工作有条不紊，讲究整洁，生活安排得井井有条。

10. 爱加调味品

饭菜一上桌，就乱加调味品，醋、酱、辣椒粉都要沾一点。这样的人生性爱冒险，做事比较轻率。

11. 边吃边说

一边吃饭，一边说个不停的人，由于他们急于和人交谈，以致来不及将食物吞下肚。这类人处事较性急，且有些咄咄逼人。

12. 不声不响

吃饭时闷声不响的人，性格大多孤僻或害羞。

心理小课堂：饮食口味与性格的关系

美国行为心理学家经过大量的事实研究，表明人的性格与口味有着密切的关联。

喜欢吃面食的人，能说会道，夸夸其谈，不考虑后果及影响，但意志不坚定，做事容易丧失信心。

喜欢吃油炸食品的人，勇于冒险，有干一番事业的愿望，但遇到挫折即灰心丧气。

喜欢吃大米的人，经常自我陶醉，孤芳自赏，对人、对事处理得体，比较通融，但互助精神差。

喜欢吃清淡食品的人，注重交际，善于接近他人，希望广交朋友，不愿单枪匹马。

如果把饮食口味和民族联系起来，就会出现另一番有趣的现象。

就拿面包来说吧，俄罗斯有种著名的面包叫作“大列巴”，其个头和分量就如同俄罗斯人一般“够劲”；而法国的面包通常做成一个个外形精致的面包圈、面包条。俄罗斯人粗犷豪爽，不拘小节，法国人浪漫柔情，情感丰富，这一点从他们制作的面包上就能清清楚楚地看出来。美国饮食以快餐居多，尤其是像炸鸡一类的快餐更被美国人所钟爱。前面说过喜食油炸食品的人勇于冒险，这一点在美国人身上体现得很好。看来，美国人喜欢刺激冒险的性格，同他们的饮食习惯确有关联。

从打招呼的方式看出心理动因

在我们每个人的生活中，每天都会与人打招呼，这种习惯在我国有着悠久的历史。早在我们的祖先还穴洞而居的时候，他们就喜欢用“无它乎”来问候对方，意思是说“你没被蛇咬吧”。因为当时的人们经常在熟睡中被蛇咬伤或致死。如今，打招呼已成为人们联络感情、沟通心灵的重要方式，不但体现了人与人之间的相互尊重和重视，更体现了一个人的素质和修养。也正因为如此，我们可以通过观察对方打招呼的方式，了解他的心思，洞察他的心理活动。

那么，打招呼的方式与性格之间到底有着怎样的必然联系呢？心理学家经过研究表明，不同的打招呼方式会透露出一个人的性格特征，下面我们就来具体分析一下。

打招呼时不看对方眼睛，而将目光移往他处。这种人通常都胆小怕事，尤其怕见陌生人，但这不表示他们傲慢，而是其自卑感在作祟。他们为人处事没有自信，而且犹犹豫豫。不过，当女孩子对某位异性心存好感时，往往也会故意不正眼看人，即使是与他面对面相遇，她也会采取把目光转向别处的做法。她们其实只是放了一颗烟幕弹，是在用相反的方式提醒对方她们已经敞开了胸怀。

打招呼时眼睛直勾勾盯着对方，给人咄咄逼人的感觉。这类人通常具有强烈的自我意识，喜欢从自己的角度出发来考虑问题。在人际交往中，他们往往具有攻击性，希望通过打招呼来试探对方的虚实，并在气势上压倒对方。但同时，这也说明他们对别人心存戒心。

打招呼时，会故意退后几步的人，也许自认为这是一种礼貌或是谦让，但别人却会认为他们是有意拒绝人，故意拉开距离。之所以出现有意识的后退现象，可能是因为他们有防卫和警戒心理，对交往有所顾忌、恐惧，或者想通过这种让渡空间的方式表达谦虚，让交往可以顺利进行并向深处发展。

假如某人和你打招呼时，毫不顾忌地拍你的肩膀。这种动作，正好表示他对你丝毫不畏惧，并想以此显示出他的优势地位，让你别轻举妄动，否则他会展开强大的攻势，逼迫你的心理状态处于劣势。当然这种动作也常出现在相当亲密的朋友之间。

有的人看到熟人会绕道行走，就像蔺相如看到廉颇一样，老远就逃避开了。出现这种情况主要有三个方面的可能：一是因为心虚，他们可能做过对不起对方的事情，最常见的情况是欠债不还；二是那个熟人令他们厌恶透顶，他们实在不愿意和其打招呼，哪怕是擦肩而过；三是在别人面前有自卑倾向，感觉处处不如人，于是宁愿不见。

打招呼时并不满足于语言上的交流，而是更加重视表情和动作上的沟通。这类人大多性格开朗，待人亲切，喜欢照顾别人。对于自己内心的不快，也能够迅速忘记。当然，向人挥手致意很多时候是因为双方相距太远，担心对方听不到自己的声音。

有的人从不跟别人打招呼，即使是同学或同事迎面走过来，依然不打招呼。这说明他们具有孤僻症的倾向，而且非常自视清高。他们在工作与学习当中经常是孤军奋战，虽然勤奋，但结果总没有理想中的那样美好。还有一种情况是他们太过繁忙，在走路的时候保持思索状态，一旦遇到熟人，仓促间很难想起对方的姓名，只好干瞪眼，或把头一低继续赶路。

除此之外，通过一个人打招呼的习惯用语，也可以了解到这个人身上的很多东西。美国路易斯维尔大学心理学家斯坦利·弗拉杰为我们总结了以下习惯用语的含义：

1．喂

这类人活泼开朗，精力充沛，渴望受人仰慕。他们直率坦白，思维敏捷，富有创造性，而且具有良好的幽默感，善于听取不同的意见，极少会固执己见。

2．你好

这类人头脑冷静，对待工作和生活勤勤恳恳，一丝不苟。他们能够掌控自己的情绪，不喜欢大惊小怪，深得同事和朋友们的信赖。

3．嗨

这类人腼腆害羞，多愁善感，极易陷入为难的境地。由于担心出错，他们总是不敢做出新的尝试。但有时候他们也很热情，讨人喜欢，尤其是和家人或朋友在一起的时候。

4．看到你真高兴

这类人性格开朗，待人热情、谦逊。他们喜欢参与各种活动，喜欢与别人交往，而不是袖手旁观。他们对工作和生活充满了乐观情绪，但常常沉迷于幻想中，容易感情用事。

5．有啥新鲜事

这类人雄心勃勃，拥有远大的理想。他们好奇心极强，凡事喜欢刨根问底，甚至不惜打探别人的隐私。与此同时，他们热衷于物质享受，为此可以不遗余力。

6. 过来呀

这类人办事干净利落，喜欢和他人分享自己的想法。他们热衷于冒险，而且能够及时从失败中吸取经验和教训，避免下次再犯同样的错误。

7. 你怎么样

这类人喜欢抛头露面，惹人注意。他们充满自信，习惯占据主导地位；行动之前喜欢深思熟虑。他们一旦接受某项任务，就会全力以赴投身其中，不达目的誓不罢休。

心理小课堂：不爱打招呼源于性格和缺乏自信

刚步入社会的刘忻最近很苦恼：“我不知为什么，与大家在一起的时候不知该怎样和他人说话，总是等他人先向我打招呼。如果没有人主动与我交谈，我心里就会感到很难受，好像被人遗忘了。我很想改变自己，成为那种被大家喜爱、话题中心的人。”

被他人接纳是人们通过人际互动获得的基本需要，刘忻表现出来的是被动需要，期待被他人接纳。

不能与他人主动建立联系，大致原因有：

1．性格因素

平时就不爱说话的人自然难于主动去和他人挑起话题，就是交际活动分派到自己的头上，也难以胜任。处于这种情况，不用强迫自己改变性格，一旦难以取得效果，就会让自己遭遇不必要的挫折。只要告诉朋友们有事通知自己一声，自己一定会去捧场就够了。出主意的人太多也会出乱子，任何活动都是捧场的角色多。捧好了会让活动大放异彩，谁都不会忘记和忽视这个捧场的角色。所以充当好自己的角色就够了。

2．缺乏自信

人们对自己在人群中位置的认识也会影响交往行为。缺乏自信时会从他人身上搜索到各种不利于自己的信息，从自我防御的角度就会回避或拒绝与他人交往。如果是后一种，不妨找心理专家聊聊，因为自信是人生的精神基石，是自我健康成长不可或缺的基础。

一个不小心就被口头禅“出卖”了

一个人的口头禅是经过漫长时间的使用积累下的习惯，通常不容易掩饰和改变，因此了解一个人最快速也最真实的渠道之一，就是观察他挂在嘴边的口头禅。

十大国人最爱口头禅中，“郁闷”“无聊”“没意思”等表达负面情绪的词语占了一大半。很多人说，它反映了这样的社会现状：工作节奏太快，生活压力太大，年轻人疲于奔命，只好通过说这些口头禅发泄自己的情绪。

比如，喜欢说“随便”“不知道”的人，多半是个不愿意承担责任的人。当一个人说“随便”时，意味着他将选择权交给了别人，也将责任推给了别人，其中暗藏着“错了别怪我，和我没关系”的潜台词。

喜欢说“好像”“据说”的人，多半是缺乏自信的人，不希望把话说死，缺失回转的余地。而常说“看我的”“没问题”的人则通常充满自信，也乐于承担责任。

想要了解一个人的性格、喜好、心理特征，通常需要很长时间的交流和磨合以加深了解。但对于初次见面或相识时间不长的人，想要快速摸透他的心理性格，以便小心提防或是巧妙达成你自己的愿望，其实也没有那么难。心理学家经过研究证明，从口头禅就可窥探一个人难以掩饰的真性格。

1. 但是、不过

这类人有些任性，总是提出一个“但是”来为自己辩解。“但是”是为保护自己而使用的，也反映了温和的性格，它很委婉，没有断然的意味。从事公共关系的人常有这类口头禅，它的委婉意味不致令人有冷落感。

2. 说真的、老实说、的确、不骗你

爱说这种口头禅的人有一种潜意识，就是怕别人误解自己，不相信自己，他们多半性格有些急躁，内心常有被人冤枉的不平心理，迫切需要别人表现出信任和理解。

2. 应该、必须、必定会

这类人自信心极强，显得很理智，为人冷静，自认为能够将对方说服，令对方相信。此外，“应该”说得过多的时候，反映了有“动摇”心理，长期担任领导职务的人，易有此类口头禅。

3. 听说、据说、听人说

之所以用此类口头语，是因为有给自己留有余地的心理。这种人的见识虽广，但决断力却不够。很多处世圆滑的人易用此类口头禅，也是避免与人正面冲突的用语。

4. 啊、呀、这个、嗯

这类人通常思维速度比较慢，对要表达的内容很慎重，会寻找最为合适的词来形容。或者是准备不足，说话的同时还在思考，利用停顿作为间歇。对这种人要给予更大的耐心。

5. 可能是吧、或许是吧、大概是吧

说这种口头禅的人，自我防卫本能甚强，不会将内心的想法完全暴露出来，在处事待人方面冷静，所以，工作和人际关系都不错。也有以退为进的含义，事情一旦明朗，他们会说“我早估计到这一点”。从事政治的人多有这类口头禅，这类口头禅隐藏了自己的真正看法。

口头禅的形成无外乎两个原因：重大事件对人的影响和积累效应的结果。譬如，一个满腔热情的年轻人真挚地投入到恋爱中，爱情欺骗了他，当他失恋后，可能在一段日子里他会对爱情嗤之以鼻，他的口头禅也许就是“爱情这东西，纯粹是扯淡”。而当一个人多次遇到同样的情况后，积累效应就会在他的口头禅中得以展现。如果在生活中多次遇到见死不救、坑蒙拐骗，那么也就不难理解为什么会有“现在的人啊，和以前没法比”这样的口头禅了。

“无聊”“没意思”“郁闷”“差不多吧”“随便”等宣泄式的口头禅在生活中的使用频率较高，也许偶尔调侃发泄一下确实能够舒缓心中的郁闷，但长期使用，会带来极其消极的心理暗示。心理学家指出，由于口头禅在一个人的生活中出现的频率极高，因此使用积极的口头禅可以有效地更换不良心态，从而使自己从语言营造的消极氛围中摆脱出来。

心理专家告诫我们，以下三类口头禅要尽量避免。

第一，过于频繁地宣泄负面情绪的话。“郁闷”“烦死了”这些情绪词如浮云，不仅让人持续低迷，而且也让旁人觉得压抑。所以，不要光嚷“郁闷”，还要提出自己的愿望并寻求解决的办法。

第二，对外界环境有偏见的话。“一代不如一代”“男人靠得住，母猪会爬树”“人心隔肚皮”这样的口头禅也随处可见，往往夸大了事物的阴暗面，成为一种消极的思维定式，让人在处事时容易犯以偏概全、非黑即白的认知错误。

第三，否定自己的话。“我不行”“我做不到”“老了，不中用了”这类贬低自我的口头禅，让你时刻注意到自己的弱点，结果连优点也打了折扣。长此以往，会形成自我挫败的恶性循环。

语言的艺术博大精深，有时你不经意的几句话，可能就会对周围的人和环境造成你预料不到的影响，影响了自己周遭的氛围，更伤害了爱你的人的心。因此，远离那些负面的口头禅吧！

心理小课堂：国人九大口头禅，你占了几个？

最近，微博上一项调查票选出了国人最爱说的九大口头禅，其中“随便”“神经病/有病啊”“不知道”排列前三。详细分析这九大口头禅，大多都是宣泄语，经常说会给自己还有身边人带来负面的影响。对此相关心理学家表示，生活中还是要多说些积极向上的口头禅，要传递一种正能量。

国人爱说的九大口头禅，其排名分别是

1.“随便”，占10.5%

2.“神经病/有病啊”，占8.1%

3.“不知道”，占7.2%

4.脏话一类，占6.7%

5.“郁闷”，占6.5%

6.“我晕”，占5.6%

7.“无聊”，占5.5%

8.“不是吧/真的假的”，占4.8%

9.“没意思”，占4.6%

对于每个口头禅，网友们还分析了其代表的心理暗示。比如，“随便”可能代表人们对周围事物已经漠不关心；“神经病”说明对周围事物还是有很多不满；“不知道”可能是因为真的不知，也可能是不敢说、不想说；“不是吧”，更是说明中国人有一颗八卦好奇的心。

心理测试：从吃东西习惯看性格

我们吃饭的习惯是从小养成的，从其中也非常容易看出一个人的性格。吃西餐在使用刀叉时，你是如何切割、叉起的呢？

A. 从左端开始切，一块一块地吃

B. 从右端开始切，一块一块地吃

C. 把全部切成小块之后，再一块一块吃

D. 从中央开始切，一块一块吃

E. 只切一小块吃

F. 吃法经常改变

结果解析

选择A

是最普遍的情况。这种人非常重视形式，喜欢一般认为合理及正常的事，但是有一种强行将自己的生活方式或思想向别人推销的倾向。若是觉得自己想的、说的正确无误，就很难再去听取他人的意见。

选择B

性格较温和，也是较易为对方着想的那类人。一般认为，此类人较易和他人亲近而打成一片，即使心里有什么不愉悦之处，也不会表现于外，通常都能和谐相处。

选择C

属于自己想要的东西无法立刻得手时，就会急躁不安的类型。想要做的事情，不管遭到多少反对也会一意孤行。另外，这一类人喜欢照顾、安慰别人，当他人有烦恼时绝不会置之不理，而会伸出援手。对于人的喜恶会明显地表现出来而不加掩饰。

选择D

属于才干型的人。常会因考虑其个人本位之种种而较自私自利。若有什么想做的事则会毫不犹疑地去做，是坐而言不如起而行的那一型人。比较擅长社交，广结人缘。

选择E

是一个地道的现实主义者。能使生活和自我相互调和，并且有社交性，和谁都可以说上几句话并应对自如。工作能顺利完成，关键在于能与他人通力合作。

选择F

是会因时间的不同而改变吃饭方式的重气氛的人。由于性情易变，所以经常会无法适应人群。在工作或私生活上亦是如此，常因无法与他人合得来而遭人误解。

Part4
顺着声音潜入灵魂，竖起耳朵聆听内心

判断人的说话情绪和意图时，不仅要听他说些什么，还要听他怎样说，即从他说话声音的高低、强弱、起伏、节奏、音域、转折、速度、腔调和口误中领会其“言外之意”。语言交谈能够沟通思想，促进相互了解，语言的声调使语言本身具有更多的感情色彩，从而揭示出人的思想、感情和意向的精微之处。

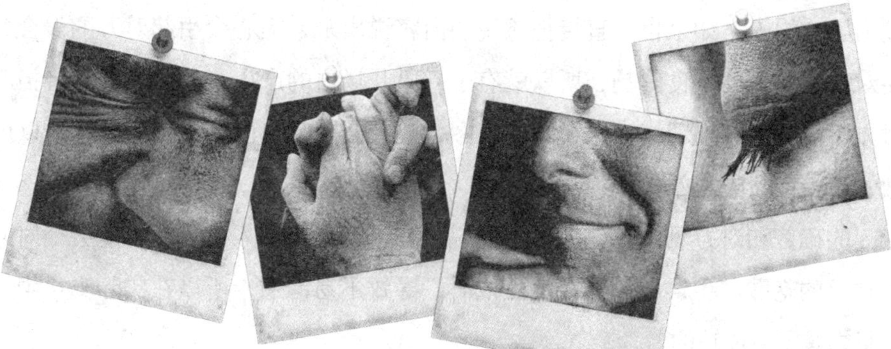

不同性格的人，开场白的类型也是不同的

在人与人的交往中，许多人在切入正题之前都会先说一些铺垫的话作为自己的开场白。为什么人们在交往过程中会有这种表现呢？

心理学家认为这主要有两方面的原因。第一，说话者可能认为对方是一个较为敏感的人，如果自己直接把想说的内容说出来，担心会引起对方的误会，使对方情绪受到不良影响，所以就有了一段开场白的产生。第二，说话者担心对方不能够很好地理解自己说话的意图，或者会曲解自己的说话意图，所以就做了很多自己认为必不可少的铺垫。

的确，和对方见面时，如果不先说引言，就直接切入重点，可能会令对方对自己的意图产生误解，从而产生戒心，导致不易沟通，所以在实际交往中，开场白是不可或缺的。

但是，不同性格的人往往采用不同的方式将谈话导入正题。下面就对开场白的类型加以分析。

1. 以反复强调的方式进入话题

他将要阐明的观点或许是对你或者是对他自己都很重要的，所以反复强调一些铺垫性质的开场白。可以看出他是一个很有策略的人，同时也是一个逃避责任的高手。

2. 以拉家常的方式进入话题

许多人为了拉近彼此的距离或者是消除对方的戒心，常常以那种让人感到亲切的话题开场。

这种人考虑问题细致入微，而且安静沉着，但并不是拘谨之人。他能够做到看到别人快乐，自己也自得其乐。

在集会上，他喜欢批评别人，纠正别人的不当，但不会强迫他人接受自己的观点。他能够做到设身处地地为别人着想，所以不会引起别人的反感，反而会永远被周围的人所喜爱。

3. 以狂妄的语气进入话题

这样的人能够做到“到哪山唱哪调”，也就是说，他是那种能根据环境而改变自己开场白方式的人。这种人具有强烈的自卑感和攻击性，在他人面前好用狂妄的口气讲话，自我意识未能完全独立而且缺失感强烈。这种为弥补缺憾的心理冲动在一定程度上失去控制的时候，就会以语气狂妄的形式进行发散用以填补其缺陷。

4. 过于啰唆的开场白

这首先是源于他对人的体贴。他把对方当作纤弱、易受伤害的人，唯恐过于直截了当会使对方产生失落感甚至成为“脑震荡”，由于过分顾虑对方的反应，便有了冗长的开场白。

当然他也可能是担心不来个冗长的开场白便把要点向对方摆出来的话，对方会误解自己，否认自己的口才，对自己留下“胸中无墨”的印象。于是越想让对方充分了解自己的意图和愿望，就越说得啰唆。

开场白太长固然让人不耐烦，但有的人却矫枉过正，在面对上司、前辈的时候，生怕自己过长的开场白会使对方产生反感而遭斥责，所以不断地顾及对方的态度，这就适得其反了。

需要用很长的开场白来表明自己的意思，这实际上是一种小心翼翼、对自己不自信的表现。

5. 以肯定的方式进入话题

他对自己所要陈述的观点充满了信心，他相信“说出的话就像泼出去的水”一样无法收回。因此，他注重说话的实际意义。不难看出，他是一个守信重义之人，没有把握不会轻易许诺，但言出必行。

6. 以否定的方式进入话题

采用这种方式开场说话的人大都懂得“最好的防御就是进攻”，因此，自我保护意识强烈，拒绝外力促使下的任何改变。他有强烈的征服欲望，勇于接受挑战，是一个敢做敢当的人，但他的执着常常是“不见棺材不掉泪”的固执。

7. 以猎奇的心理进入话题

以这种方式开场谈话的人大都表现出支配者的形象。他的谈话从不涉及自己的事情，或者有关自己身边的人。他有强烈的猎奇心理，喜欢打听别人的隐事秘闻。

在感情生活上，他很关心对方，因为他是个“许进不许出”的猎奇者。因此他喜欢把话题的重点放在跟自己完全无关的人身上，这说明他的内心有一种支配的欲望。

心理小课堂：关于开场白的十六条建议

不管哪种方式的开场白，评论其好坏的标准都是是否抓住了听众的注意力。就好像森林中的一片落叶，如果无人去听的话，叶子落地还有声吗？如果你置身讲台之上，高谈阔论，而场下的听众都心不在焉，那么你的讲话又有什么意义呢？

尽管许多成功开场的关键在于你传递信息的方式，以及你所倾入课题的激情，但下面的十六条建议对提高开场效果还是能起到锦上添花的作用。

1．夸奖你的听众

不过不要漫无目的地说一些不相关的阿谀奉承的谄媚之辞，而应在讲话中偶尔插入一些对你面前的听众的真诚评价，对他们积极的态度表示感谢。

2．个人经历

用一个与自己相关的故事开场也不失为一个特点鲜明的选择。通过这种亲身经历可以迅速拉近你与听众的距离，博得听众的同情与好感，同时也使你的主题得以认可。

3．情景资料

如果你是在某个组织的100周年纪念活动上发言，那么你的开场将肯定与此相关。你的发言将立即被所有成员接受和认可，因为他们知道你的主题一定就是他们。

4．修辞性提问（即不需要回答的提问）

通过修辞性提问，你可以以一种特殊的方式反复申明你的观点。修辞性问题会让听众进行思考。比如，在做完一个对提问的作用与效果的陈述后，你问听众："既然问句这么有用，为什么我们不更多地使用它们呢？"这个问题将能引导你的听众进行思考，并在他们自己的大脑中回答你的问题。你以这种方式既集中了听众的注意力，又避免了采用那种一问一答的老套路，可谓一举两得。

5．时事背景资料

大部分讲话的内容都不会空洞无物，讲话者的话题基本都与这个世界正在发生的事情相关。因此在做任何讲话之前，你最好先将讲话涉及的背景向听众交代清楚，这样讲话的内容则更易被听众所接受。尽量避免使用有争议的话题，因为你并不清楚台下听众对该事件的看法。

6. 视觉教具

视觉教具可以迅速引起听众的注意。它具有独特功效，讲话者通过它可以将主题毫无保留地呈现在听众面前。

7. 接受听众的挑战

不要担心因此会激怒听众。在任何一部成功的戏剧中，矛盾都是中心，谈话中它亦如此。即使你的听众持不同观点，你也应将它们纳入你的话题。

8. 引经据典

在任何讲话中，引用都会非常频繁地出现。因为那些举世闻名的先哲已经被历史所认可，他们的言论因此而变得精练、睿智、易于记忆。因此一个引用可以比刻板的讲解更快地被听众所接受。

9. 权威言论

当你发表言论的时候，如果你推出一位更高级别的权威的言论，肯定会更容易引起人们关注。例如，一位教育工作者会时常引用具有传奇色彩的人类学家玛格丽特·米德的经典言论："孩子们应该被教会怎样地思考，而不是思考什么。"

10. 关注听众的反应

你必须通过自己的语调让听众感觉到你在期待他们的回应——这时你可以适当地停顿一会儿。但你必须随机应变，有时你需要自问自答，在听众没有失去耐心前迅速做出判断给自己圆场。要注意你所提出的问题既要有趣又不要太难。

11. 惊叹式数据

开场之初，讲话者既力求简洁，又要让听众吃惊，要收到这样合二为一的效果，你可以考虑使用惊叹式数据。比如，如果你的话题是关于水资源浪费的问题，你或许可以这样开场："你知道仅仅一天时间，全球就要浪费一亿吨水吗？"但应注意，一次使用的数据不宜过多，因为人们每次只能记住一两个数字。

12. 做比较

如果与你的听众的日常生活密切相关，这种方法将倍显生动。我曾听过一个关于日常消费的讲话，讲话者用将同一国家两个不同地区的消费水平进行比较的方法，来说明地区发展不均衡的问题。同时，用比较的方法可以给听众留下更形象的印象，从而使你的观点得到体现。

13. 惊叹式陈述

“我妈妈是世界上最长寿的人！”在为老年人做的一个关于健康问题的讲话中，你以这样的方式开场一定会引起听众的注意。接下来你可以说：“至少她自己总是这样认为。”你要学会使用任何可能激发听众兴趣的方式，先吊起他们的胃口，然后再向他们进一步解释。

14. 下定义

这些定义可谓俯拾皆是，在任何一本书籍当中，你都可以找到非常精彩的定义。例如：“人类就像赛璐玢（玻璃纸）一样，一旦你投入他们当中，就很难被剔除。”越是与众不同的定义，听众就越难以忘记。

15. 妙用笑话

许多人热衷于以笑话开场，或许因为他们听说别的演说者也这样做。但是正如我在前文所说，在使用笑话时你必须慎重，因为你一旦选用这种方式，就会激发听众对更多笑话的期待。

16. 讲故事

你也可以用一个故事拉开你讲话的序幕，故事独有的趣味性将使你的听众更容易记忆。比如，美国前总统约翰·肯尼迪在竞选总统时就曾讲过一个乘坐出租车的故事。他在下车时本打算多付给司机一些小费，希望司机可以投民主党一票。突然他想起了父亲的某些建议，然后他就走下车，没有付任何小费，并且告诉司机要投共和党的票。

声音里藏着你的另一张脸

人们常说“声音是灵魂的音乐”。的确如此，有时候，光是一个人的声音，就构成了足够的诱惑力。而有的人，却不那么幸运，不说话还好，一张口，就会让人产生厌恶感。

有时，脱口而出的一个字、一声尖叫、一声抽噎或者一阵大笑就把我们暴露无遗。我们戴得好好的面具就这样应声而落！精神分析师穆萨·纳巴蒂说：“人跟自己声音的关系是一种想象关系，这中间有他对自身形象的一种期待。因为通过声音这个沟通工具，表达出来的是人内心深处的状态。”

我们自己可能都意识不到，我们的声音会随着谈话内容的不同而变化。每个人的声音也会依据谈话对象、具体情形的不同而变化。

声音是“情绪和个性的扩音器”。在面试时颤抖的声音，在生气时变得尖厉的声音，在演讲时为了克服怯场而特意提高的声音……

其实，我们每个人都在或多或少地利用声音。爸爸会提高音量让吵闹的小孩安静下来，妈妈会轻言细语让恐慌的孩子放下心来，老板会用命令的语调让员工变得服服帖帖，售货员会放低音量来诱骗举棋不定的顾客，而情侣之间会“奶声奶气”地说话以带给对方安全感……

认识一个人需要花多久？了解一个人又要花多少时间？如果没有足够的时间相处和观察，我们只能凭着短暂交会留下的印象、搜集到的信息来判断对方。我们怎么看别人，别人就怎么看我们。加州大学洛杉矶分校的心理学教授阿尔伯特·梅拉比安曾经做过一个口语表达的相关研究，并且归纳出著名的“7/38/55定律”：信息通过口语面对面传递时，语言沟通与非语言沟通是同时存在的，听者打分数的依据有55%是从外表、穿着、仪态、肢体语言、表情等“非语言”而来的，其次的38%是从说话的语调、声音的表现方式、咬字发音等“声音”而来的，而说话的内容，也就是“语言”本身只占7%！意思是说，如果没有搞定55%的“非语言”信息和38%的声音，说话内容就只剩7%的影响力。换言之，妥善处理55%的外表和38%的声音，可以让语言的影响力从7%一路涨到100%，表达沟通的效果会让你更加满意。

举例来说，当你在参加求职或转职面试时，学历、经历在面试官心中只有7%的影响力。有高达9%的面试官第一眼会先看求职者的外在形象，先打第一关55%的“非语言”分数；接着从求职者的自我介绍、交谈互动中，借由声音打第二关38%的分数；最后则会把视觉和听觉印象整合起来，对照履历表中所写的内容。如果履历看起来很丰富，但形象和声音并没有表现出专业感，应聘成功的概率就相对降低。

另外一个常见的状况是做报告。除了做足报告内容的准备，如企划书、PPT等（7%），根据场合穿着适当的服装，展现合宜的肢体仪态（55%）之外，最好能够在正式上场前先做声音的演练，包括一个能立刻抓住听众耳朵的开场白、吸引人的内容说明、简单却强而有力的结语，以及自信地回答现场听众的发问，这些部分用心做好，就能再多拿38%的分数。

如何能从别人的声音中听出隐藏的信息呢？在说话时，有两个元素可以隐藏性格和情绪，一个是语言，一个是声音。在语言方面，表象的问题通常隐藏了担忧与不信任，例如：“你每年留住多少比例的客户呢？”隐藏的信息是：

“你每年做了多少断头生意？你对你的客户够好吗？他们愿意再回购吗？”而客气的提问则通常隐藏了对现况的不满，例如：“除了企划书里面的方案之外，你还有什么其他建议吗？”隐藏的信息是：“你的企划太没特色了，能提出更有创意和独特性的解决方法吗？”相较之下，除非修炼过声音，否则声音比语言更无法隐藏信息。

声音的过犹不及，很容易被察觉。比方“刻意”的咬文嚼字与抑扬顿挫（不是自然的字正腔圆），企图装出饱读诗书、有内涵的感觉，但事实上可能没念什么书，只想掩饰心虚。另外，有些女生会“刻意”用甜美、温顺的声音来说话，其实是想隐藏娇纵的性格。如果声音“刻意”示弱、退缩，则可能隐藏了不满的情绪，而说话者可能开始生闷气，因为觉得对方过于强势，再谈下去只有被打压的份，故想尽快结束对话。至于“过度”平静的声音，则隐藏了蔑视。声音中不带性格、不带情绪，刻意营造出客观、中立的感觉，但其实是表现出“你是哪根葱啊？离我远一点”“这是你的事，不关我的事，不要来找我”的潜台词。

蒋勋老师曾在《美的觉醒》里说：“在我们所处的环境中，声音的美学可能比视觉等其他美学，还急迫地需要做整顿。”又说：“我常常觉得，可以为社会负起一个责任，就是让我们从早到晚，所有发出的声音都是美好的声音。那就不只是唱歌了，甚至包括日常的说话。”或许我们可以想想，怎样让自己的声音变得更美好而不造成别人的困扰。

心理小课堂：九种让人厌烦的声音

为了了解一般人对声音的感受，我列举了常见的声音困扰并做成问卷调查，问卷中“很讨厌”和“有点讨厌”加总的排行榜前十名是：

1．官腔官调

典型的官腔官调有几个特色：音阶较高（唱高调）、语速较慢、用无意义的语尾助词断句，而且断句断得很频繁，例如：“这样啊！怎么会这样？应该不会吧？”“这一次哦！在双方会谈的过程中哦！非常清楚地提到哦！”“那么，是这样啦！我们会尽快处理的啦！”感觉讲了一堆好像需要回答或说明的话，但仔细分析根本没有重点，或者缺乏解决问题的实质承诺。简单地说，就是没诚意地纯应付，让急于寻求协助的人很生气。改善官腔官调的建议做法：第一，降低音阶；第二，加入气音；第三，去除不必要的语尾助词。

2. 说话声音糊在一起，好像在喃喃自语

表示说话者还没有意识到说话方式需要“社会化”，仍用小孩撒娇或要赖时的嗫嚅（低声私语）来讲话。这样讲话，送出去的信息是模糊的，让人必须很用力去听才能听到。社会地位较高的人如果用这种方式说话，会给人拽的感觉：“我就是不屑把话讲清楚，听不听得到是你的事！”若是社会地位较低的人这样说话，则会给人胸无大志、无法托付，把重要的事交给这样的人去办铁定会搞砸的感觉。改善喃喃自语并不难，只要在讲话时提醒自己把嘴形做完全，把字音发完整，有意识地把声音送出去，略微放慢说话速度，声音就不会糊成一团了。

3. 男生声音太细、太尖

这会让人联想到指甲刮到黑板的感觉，以及可能让人产生性别意识的混淆。这是天生音质的问题，只要有意愿改变，还是可以把声音变得较圆润一点。

4. 说话有气无力

与“说话声音糊在一起，好像在喃喃自语”有点类似，不过有气无力所反映出的感觉倒不是拽，而是没精神、身体虚弱、情绪低落或运气不好。说话时用大丹田发声、说到重点处稍微用力加重一下，听起来就不会有气无力了。

其次，并列第四的“过于强调抑扬顿挫”，是一种认真但过度的说话表现，隐藏了渴望被人注意、肯定的心理。改善之道是心态要放松，讲话时嘴巴不要那么用力去咬字，回归自然即可。

再者，“音调过于平淡”跟“讲话不带感情”很像，但音量和速度还有点变化，所以不至于没有感情。不过音调平淡的问题在于难以久听，只要讲话时在音调上增强曲折起伏，让最低音和最高音相差在五个音阶左右就能提升耐听度。

至于“在讲话过程中动不动就清喉咙”则会干扰聆听，让人觉得很烦。动辄清喉咙就表示喉咙不健康，建议寻求医生协助。

5. 讲话声音太大

有可能是本身听力受损，或者长期处在嘈杂的环境中养成了大声说话的习惯而不自知。如果听力没问题，是可以通过刻意调整来降低说话音量的。

6. 讲话声音太小

反映出说话者的自信不够，或者发声的力道不足，可通过“底气练习”加以纠正。

7. 讲话拖尾音

是一种撒娇时才会用的说话方式，难登大雅之堂。除非确定对方会吃这一套，可以采用“以退为进”的策略，否则在一般的人际或商务对话中，不宜拖尾音。

8. 讲话节奏忽快忽慢

很有综艺效果，儿童剧里的小丑都用这种方式体现张力，逗得小朋友哈哈大笑。人们会觉得讲话节奏忽快忽慢的人很有趣，但仅限于轻松玩乐的时候，因为没人想在正式场合听到有人用这种节奏讲话。若真有人如此，会被列入“搞不清楚状况”的名单之中。讲话节奏忽快忽慢的人，要特别认真练习说话的节奏感，先把说话基调稳住，再回头来修炼“该快的时候快，该慢的时候慢”。

9. 句尾尾音上扬

轻则挑逗，重则挑衅，跟拖尾音一样，不宜在一般人际或商务对话中出现。

从这个调查结果看来，大家对说话的声音其实是很敏感的，不是只听得出大小声而已，虽然不见得能控制自己运用声音的技巧，但听别人说话声音里的问题都会有感觉。

从声音特征判断出一个人的性格特征

我们都知道声音能传递一些微妙的信号，例如人的性别、年龄，甚至体力和一些性格特征等，而英国格拉斯哥大学声音神经认知实验室的菲尔博士及其同事则更关注我们是否会立即根据声音形成印象。为进行研究，他们请64人朗读一篇文章并录音，然后截出他们所说的“你好”的声音，请320人根据这些声音对10种能感知的性格特征中的某种从1到9进行打分，这些性格特征包括可信赖度、支配性以及吸引力等。结果发现大多数被试者对这些声音的回应都相同，且这些个人印象产生得非常迅速，大约在听到声音后300～500毫秒内就已经形成。由此可见，声音能给人形成不同的印象，并由此判断出说话者的性格特征。

我们每天都在不断地对别人讲话，自己也不断地听人说话，那么你注意过人的声音特征吗？如何从一个人的声音判断出其性格特征呢？下面来看看你身边的人是否符合这些特征吧！

1. 说话时目光不看对方

表示他心中不坦然，或总担心自己的形象、举止失当，或是自卑心理较强，对人防范心理较重，自尊心较强。这种人讲话一般力度较小，基本不会是嗓音洪亮的。

2. 跟人说话时，显得唐突

这种人不论是男性还是女性，假如他不是粗野的性格，便是非常害羞，要不就是一个非常纯朴的人。

3. 讲话木讷

这种人虽然看起来迟钝，但却十分有人情味，对感情渴望，外冷内热。尤其是男人，属家庭主夫类，能操持家务。但也属比较不容易想开事情的人。

4. 说话声调平稳

这种人心态稳健，性格持重。如果加上声音洪亮，中气较足，一般都是单位领导。这样的人在职场或官场都容易升迁，容易给人留下成熟、稳健、自信的印象。

5. 女性的声音像男性

她会具有男性的性格，直率，粗心，不喜欢做家务。

6. 男性的声音像女人

他会具有女性的性格，敏感，细心，多疑，易有洁癖。

7. 语势及音色均不规则，经常发生变化

这种人思维活跃，爱幻想，做事三分钟热度，性格轻率，易产生挫折感。

8. 话语沉稳有力，语速适中，讲起话很少犹豫

这种人精力旺盛，有领导欲和控制欲，有勇气和自信心。

9. 讲话声音比较尖利刺耳

这种人一般性格比较复杂古怪，悟性较差，很难把握自己的言语举止，给人留下不好的印象，尤其是男人。

10. 声音沙哑

这种人性格豪放不羁，享乐欲强，有野性成分，尤其是女人。

11. 讲话吞吞吐吐，欲说还休

这种人总希望自己在别人面前能显得比较深刻又有涵养，比较虚伪，很难从正面去观察、评判人和事。

12. 说话语调较轻

这种人为人小心谨慎，比较内敛。说话有气无力，若同时语调不平稳，话尾不清，则可反映出内向或胆小的性格特征，或心神游移。

13. 说话语气抑扬顿挫，节奏分明

这种人一般具有演员气质，表现欲较强，喜欢自我欣赏，为人比较圆滑。

14. 说话语气很急很冲，声音很大

这种人性格急躁而任性，自控能力较差，信心不足。

15. 语气低沉，说话时由牙缝深处发出声音

这种人怀疑心大，性格执拗，有自大倾向。

16. 讲话时口沫横飞

这种人属我行我素、不顾他人感受的人，喜欢社交但信誉较差，喜欢夸大其词，认为自己比别人聪明。

17. 说话时嘴角歪

这种人心中想的与说的通常不一致，比较做作，爱慕虚荣，追求世俗享乐。

18. 说话时高声尖叫

这种人性情促狭，爱计较和辩论；容易激动，易歇斯底里发作；虚荣心很强，缺乏诚实感。

心理小课堂：由说话声音判断性格

想了解一个人，不但可以从他的行为举止进行判断，其声音也可以透露出他的秘密。每个人的声音都不相同，不妨试着倾听别人的声音，你也许能从中发现一些规律，从而判断出这个人的性格特征。

1. 爱说话而且速度快

这是属于性急派的人，很热心，也很重朋友义气，说话做事的速度同样很快，但记忆力很不好。同时又是一个很善忘的人，即使有烦恼也不会烦太久，很快就会忘个精光，是一个乐天主义者。

2. 嗲声嗲气

这是属于依赖派的人，即使天塌下来了，也觉得会有个高的顶着，自己不用去害怕那么多。但这种人却害怕孤单，所以喜欢到人多的地方，很享受热闹的感觉。这种人拥有超高强的交际手段，而且能说会道，但是一旦遇到大事，又总会不自觉地想要依赖别人。

3. 声音沙哑

这属于强硬派的人，性格很鲜明，也是一个始终如一的人。这种人有着独特的服装品位，有着领先的独特创意，而且很会穿衣搭配，每次出现都能让人眼前一亮。

4．声音沉稳温和

这是属于压抑派的人，很能控制自己的情绪，无论什么情况都习惯了压抑，但却是一个很有主见的人，不容易接受别人的意见。这种人认为只有靠自己才是最实在的，什么事都要自己独立完成，在别人眼中，就是一个自立自强的人。

他说话的语气为什么变了

有的人说话声音洪亮，有的人说话声若蚊蝇；有的人说话手势夸张，有的人说话安静平稳；有的人说话好像脆钢豆儿，有的人说话犹如软丝绸——这些说话语气的背后，到底潜藏着什么样的心理秘密呢？

1. 说话的语速

（1）说话速度非常快，别人很难插话的人。我们身边一定有这样的朋友，他们的语速飞快，无论表达什么都犹如连珠炮，听的人如果稍微放松精神，就会错过他们要说的很多话。这样的说话者一般来讲，自我意识比较强，富于言语上的进攻性，在谈话中也会倾向于把握主动，喜欢支配交谈的进程。而且女性因为天生的表达能力更强，所以女性朋友中语速快的更多。讲话快的人思维也敏捷，往往联想比较多，跳跃性也大。

（2）说话慢条斯理，但是富于节奏感的人。当和这样的人讲话时，你的每次发问都不会立刻得到回答。他们往往会慎重地思考一下，然后再用相当慢的语速来陈述自己的看法，讲起来简洁而清楚，不喜欢说废话。这种一边说话一边思考的人，生活态度总体来说会很稳健。他们很少冲动，不管遇到什么事情，总是不疾不徐，反应虽然比别人慢半拍，但是在关键时刻做出的决策却很稳妥。

快与慢的切换反映个体当时的情绪。本来说话很快的人，为什么会突然变慢？而相反的，一向沉默寡言的人又为什么变得滔滔不绝？说话的方式与人的情绪变化直接挂钩。通常来说，如果不满意对方或者心怀敌意时，言谈的速度就会放慢，因为他想通过放慢速度来强调自己的观点和看法；而紧张、心里有鬼或者想撒谎的时候，说话的速度就会不由自主地加快，用来掩饰自己的真实想法。另外，说话的内容，也直接影响到语速，当你谈到自己感兴趣的话题时，就会讲得快且多，因为你是在急于表达信息，生怕漏掉刚刚想起的内容。

2. 说话时的手势与表情

有的人说话时，手势和表情十分夸张。这种人一般性格外向、活泼，表情丰富，特别是不停地微笑，会缓和一些紧张的谈话氛围，也能使说话者的表情柔和，这时发出的声音会给对方留下好印象。外向的女性通过自己的笑容可以博得对方的好感，而恰到好处的手势则会增强观众对于谈话内容的印象。但是手势只是谈话的辅助内容，过多的手势就会让对方感觉你过分依靠肢体语言，是表达能力欠佳的表现。

3. 说话声音的大小

（1）大嗓门，滔滔不绝，声调高亢兴奋。声音大，声调明快，这是外向的表现，他在暗示着一个信息：“我希望你能充分理解我。”他会是一个豪爽的人，重视人际关系。如果他的想法被对方所接受，情投意合之时，他的声音就会变得更大，而且充满了自信。声音的大小同样与地域环境和文化分不开。在国内，东北人声音普遍大，在那里人们都热情开朗，很少压低声音说话；在国外，意大利人是著名的大嗓门，到了英国，大家则会发现即便是公共场所也经常鸦雀无声，因为在他们看来，大声说话是失礼的行为。

（2）喜欢低声说话。这是一种很女性化的表达方式，有的人是因为缺乏自信，而有的人则是因为内向的性格，他们的声音低沉而混浊，好似在打探对方的情绪。他们说话更谨慎，打招呼的过程也更冗长，个性会更温柔，锋芒毕露不是他们的爱好。如果被迫成为众人的焦点，他们会显得迟疑，有时候还会感到忧郁。

心理小课堂：如何判断谈话双方的情绪？

从声音的变化就能判断出谈话双方到底谁更尊敬谁。当一个人敬佩自己的谈话对象时，他会不由自主地去配合对方的语音、语速和语调。对方说话快，他也就跟着快；对方说话低沉，他也就变得小声。而占据主导位置的那个人，他就会保持自己的节奏。

如何看出对方是否还有兴趣对话呢？漫不经心和心不在焉的态度也能迅速从声音中反映出来。当人们情绪高涨时，他们讲述事情时就会绘声绘色，而且眉飞色舞，语气非常生动，语调韵律感十足；反之，情绪一旦低落或失去了对当前话题的兴趣，他们就会变得漠无表情，声调也会变得单调、平稳，反复出现一模一样的回答，语气词也变得千篇一律，还会出现间断性的走神、集中力缺乏。当精神上处于不安，觉得无聊或者懒得回答时，声音的韵律感就会消失殆尽。掌握了这一点，即便是在打电话时，你也能顺利地判断出对方到底还有没有心思听下去。

说话方式不同，反映的个性也不同

在人际交往过程中，人们通常会把自己的真情实感隐藏起来，但无论怎样，他们的言谈中总会流露出“蛛丝马迹”。这时，如果你用心观察对方的说话方式，注意他话语中蕴含的意思，推测他的观点，就可以对他有深入的认识。

通常情况下，如果一个人对另一个人心怀不满，或者怀有敌意，他们的说话速度就会变得迟缓，而且稍有木讷的感觉。如果他们心里内疚或者说谎时，往往会有意回避，或语调很低。比如，当一个人对某个异性怀有好感时，出于某种心理又怕被别人识破，于是就故意避开这个话题以掩饰自己的真实用意。

当两个人意见相左时，人们往往会提高说话的音调，表示他想压倒对方。这时，他说话一定会有意地抑扬顿挫，制造一种与众不同的感觉。这样的人有一种吸引别人注意力的欲望，自我显示欲在言谈之中隐隐约约地就透露出来了。

说话暧昧的人，大多数喜欢迎合他人。他们说同一句话既可这样解释，又可那样解释，含糊其词。这种人处世圆滑，从不肯吃亏，懂得如何保护自己和利用别人。

还有些人喜欢八卦，喜欢对他人品头论足。一般来说，这样的人嫉妒心理都很强，心胸狭窄，人缘不好，内心孤独。假如一个人对诸如别人不跟他打招呼之类的小问题耿耿于怀，说明这个人自尊心受挫了，渴望得到别人的尊重。还有些人常谈论领导的过失和无能，表明这个人自己有出人头地、取而代之的愿望。

由此可见，从说话可以判断出一个人的用意，而不同的说话方式则反映着不同的个性，下面我们来一一分析：

1. 说话时常使用礼貌用语的人

这种人一般都有一定的学识和文化修养，能够给予别人足够的尊重和体谅，心胸比较开阔，有一定的包容力。

2. 说话非常简洁的人

这种人性格多豪爽、开朗、大方，行事干练果断，凡事说到做到，拿得起放得下，从来不犹犹豫豫、拖泥带水，很有魅力，具有开拓精神，有敢为天下先的胆量。

3. 说话啰唆、废话连篇的人

这种人多比较软弱，责任心不强，遇事易推脱逃避，胆子比较小，心胸也不够开阔，唠唠叨叨，整天在一些鸡毛蒜皮的小事上纠缠不清。虽然对现实的状况有许多不满，但缺乏开拓进取精神，不会寻求改变，只是在等待，容易嫉妒他人。

4. 习惯用方言讲话的人

这种人感情丰富，特别重感情。他们的适应能力并不是特别强，与陌生环境的融合往往需要很长一段时间。这类人自信心比较强，有一定的魄力和胆量，很容易获得成功。

5. 经常在说话时发牢骚的人

这种人大多是好逸恶劳、贪图享受的人。他们虽然想改变自己的处境，但却安于现状，坐享其成，而不付诸实际行动。一遇到挫折和困难，就逃避退缩，把原因都归结到外界因素上。他们对别人的要求总是相当严格，却从不严格要求自己。他们自私自利，缺乏宽容别人的气度，很少设身处地为别人着想，总期望得到更多的回报。

总之，一个人的说话方式在一定程度上能反映他的真实个性。所以，我们在人际交往中，要多注意观察他人的说话方式，从而了解其说话本意，这样将使你的人际交往变得更加顺畅。

心理小课堂：说话习惯和性格有关

三国时的诸葛亮研究发明了“七视读心识人法”，实际上这是通过有目的的谈话交流，来看透一个人。在日常交往中，只要我们稍加留意，就会发现每个人说话各有特点。心理学家告诉我们，通过一个人的说话习惯，可以进一步了解他真实的内心世界。

1．喜欢发表评论，什么事情都点评一二

这种人脑子里容纳的东西非常丰富，也能从侃侃而谈中产生一些奇思妙想。这类人做事可能会想出十几个主意，但很可能都落实不到点子上。因为他们往往只求驳杂而缺乏精深，难以把握要领实质，也通常忽视重要的细节。并且这类人容易自以为是，很难谦虚谨慎。

2．说话温柔，语速平缓

这种人往往性格柔弱，比较宽厚温润，不争强好胜，不愿轻易得罪人。这类人常常比较胆小保守，怕惹麻烦，对人、对事容易逃避。如果他们通过磨炼胆气，知难而上，勇敢果决，那么会成为一个宽厚仁慈的坚毅之人，也会拥有从容平和的长者风范。

3．说话铿锵有力，言辞之间常透露出不屈不挠、是非分明的坚定立场

这类人通常内心的原则性很强，说一不二，义正词严，相应的缺点便是处理问题容易不听取他人意见，一意孤行，不懂变通，显得十分固执。他们说话铿锵而又辞令丰富，往往对人、对事有着深刻而精辟的理解，其思想见地既具备复杂的厚度，也具备清晰的条理。但由于其言辞激烈而尖锐，容易在谈话中抓住对方的弱点，一针见血，常常因此得罪人。

4．言谈中喜欢标新立异，引用新词新语

这种人思维活跃、好奇心强，他们通常不拘泥于现状，对新鲜事物充满乐趣和激情，常常迸发出奇思妙想。这一类人的缺点是容易随波逐流，左右徘徊，难以形成自己的主见，遇到困难常常不敢独立面对并想出解决办法。如果他们可以沉下心来，专心冷静地琢磨一个问题，不难成为一个走在潮流顶端的人。

心理测试：看看你的说话习惯是怎样的

当你下载了一款被评选为最有意思、最好玩的电子游戏，你立即启动游戏，随着轻松的音乐在耳畔响起，游戏开始了。可是，游戏一开始就要求你必须在游戏中扮演从事某一职业的角色。在下面的各种角色里，你最想选择的是什么？

A. 抱着胳膊或手插口袋说话的人　B. 自己说话自己点头的人

C. 夹杂手势说话的人　D. 靠着桌子说话的人

E. 谈话中高声大笑的人　F. 边摸头或边玩头发边说话的人

G. 常用手摸鼻子或嘴巴说话的人　H. 眼睛瞪着人说话的人

结果解析

选择A

这类型的人，对自己非常有自信。至于对别人则好恶非常明显：喜欢的人热心相待，讨厌的人一句话都嫌多。因此，交朋友易走偏锋。此外，有些行为则显得装腔作势。

选择B

对自己的能力或现在的做法，具有相当的自信。相对来说，也是个顽强固执的人。虽然做事总是一鼓作气、积极行事，但是很难采纳别人的意见。不光是颔首点头而已，频频对自己的话叫好或称赞的人，也大致属于这种类型。

选择C

若是男性，多少有些骄傲自恃。一旦别人持相反意见，便容易生气。女性喜欢用手势表达，意味着她个性活泼，喜欢照顾别人。

选择D

这样子的人，往往热衷于某件事情。如果心里有烦恼或事情，有时会胡乱涂鸦以整理心情。这种人大多个性保守，不会马上投身于新的事物。不过，交往朋友有时易走偏锋。

选择E

爽朗有朝气，具有十足的社交能力。但是，有时这种笑声并不是发自内心，而是刻意讨好。其实，内心格外狭窄，不见容于他人。

选择F

性情随和、体贴别人的人。这类型的人大多个性正直，不会占人便宜或做坏事，可以说是正义之友。不过要小心与人发生口角。

选择G

不分男女，基本上都是个性内向的人。即使是面对喜欢的人，也不敢清楚表达自己的心情，情性消极。有些地方则显得害羞胆怯。

选择H

在神经质又气度小的人身上，常可以看到这样的表情。另外，他不够沉稳的行为，同时也显示他缺乏耐力，做事情容易半途而废。

Part5
坐卧立行告诉你他的心理

在日常生活中，被掩盖的真实心理经常会被你的身体语言所出卖，尤其是那些生活中最常见的身体姿势。它们既可以反映出一个人内心的真实活动，也可以影响别人对你产生不同的感觉和判断。如果你能够深入地了解姿势语言的内涵，并对日常生活中的各种姿态进行分析，学会使用身体语言去交流，你便会发现交际是一件很简单且充满乐趣的事。

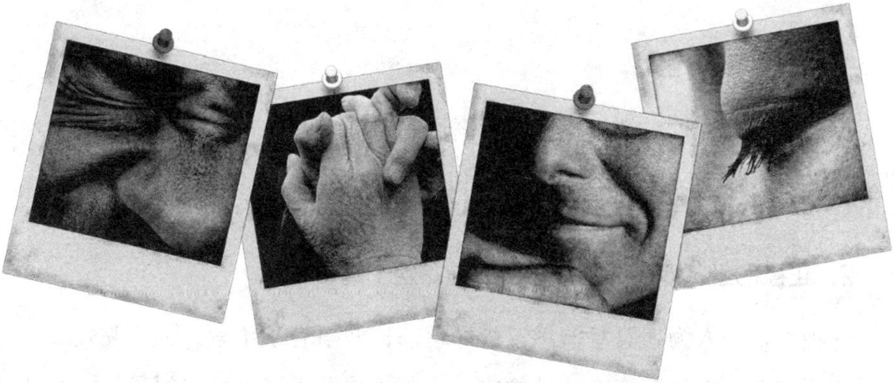

怎样看懂一个坐着的人

一个人的坐姿，不仅反映他的性格特征，而且反映他此时此刻的心理。美国的心理学家经过长期的观察和研究发现，坐姿能透露出一个人的心理，来看看不同坐姿是如何揭露你内心世界的吧。

1. 双膝紧贴而坐

这种坐姿的人行事消极；憧憬着高远的目标，并时常想依赖年长的女性或双亲；不甘于孤独寂寞而欲求热闹场面。

2. 正襟危坐，双脚并拢并微微向前，整个脚掌着地

这种坐姿的人为人真挚诚恳，襟怀坦荡；做事有条不紊，但容易较真，力求周密而完美，有时甚至有洁癖倾向，这难免拘泥于形式而显得呆板。虽然从外表看来，这种人有些冷漠，但这都是假象，其实他们是古道热肠的人。这种人只做那些有把握的事，从不冒险行事，因此缺乏足够的创新与灵活性。

3. 敞开手脚而坐

这种人渴望掌控一切，有指挥者的气质和支配性的性格，也可能是性格外向，有时不知天高地厚。女性若采用这种坐姿，还表明她们缺乏丰富的生活经验，所以经常表现得自以为是。

4. 脚尖并拢，脚跟分开地坐着

此种坐姿的人做事易犹豫不决。这种人习惯独处，交际只局限在他们感觉亲近者的范围内。不过，这种人很有洞察力，能以最快的速度对他人的性格做出准确的分析和判断。只是有时他们会过高评价自己的能力。

5. 把双脚伸向前，脚踝部交叉

男人采用这种坐姿时，通常还将握起的双拳放在膝盖上，或双手紧抓住椅子扶手；而女性采用这种坐姿时，通常在双脚相碰的同时，双手会自然地放在膝盖上或将一只手压在另一只手上。这种坐姿的人喜欢发号施令，有嫉妒心理。另外这还是控制感情、紧张情绪和恐惧心理的一种防御意识。

6. 腿脚不停抖动，而且还喜欢用脚或脚尖使整个腿部抖动

这种人最明显的表现是自私，凡事从利己角度出发，对别人很吝啬，对自己却很纵容。但他们很善于思考，经常能提出一些令人意想不到的问题。

7. 跷着二郎腿而坐

无论哪条腿放在上面，都显得很自然。这种人比较自信，懂得如何生活，人际关系也比较融洽。

8. 右脚放于左脚上，观察周围的人以何种眼光看自己

这种人过分紧张，神经过敏。不过，在工作、恋爱方面则大有收获。生活亦属多彩多姿，不断有新局面产生。当他们认为做一件事将有很大的收获时，一定会倾心全力，非完成不可。

9. 左脚放在右腿上

这种人具有丰富的常识，是属于慎重派的。若他们认为是善举，就会努力去实践它。另一方面，他们愿意接纳他人的意见，并积极地工作。时常采用这种坐姿者，大多是积极、主动的人。

10. 只坐在椅子的前半部分

这种坐姿的人性格内向但善于倾听意见。他们亲和力强，容易受人信赖，有时会过于迁就他人，是具有成熟心性、对爱认真、可信的人。

11. 坐满整张椅子

这种坐姿的人一般是生活中的强者，热情洋溢而又有一技之长。再者，他们责任感强，做事有始有终，他们完全可以让人放心，所以事业上较为顺畅。在爱情上，由于韧性很强又不怕挫折，所以能如愿以偿找到自己真正喜欢的另一半。

12. 坐着玩弄头发

这种类型的人知识丰富，为人性急，性喜浮夸吹牛。若是女性，坐下后眼神还飘移不定，可基本断定她没有太高的学历，也不具备较深的城府。可能有一两门较精湛的技艺，但也有一张多事的“嘴”。

13. 坐下来就跷起二郎腿

这种人率直任性、开朗乐观、不拘小节，因此从未注意改变这种不礼貌的动作。

14. 坐下来，眼睛看着膝盖或脚趾

这种人大多出身贫苦，自卑感重，往往自寻苦恼而多遭挫折失败。出身贫苦原本不是错，只要努力奋斗就会改观，问题就在于他们不是把贫穷作为改变的动力，而是逆来顺受地接受，让人哀其不幸，怒其不争。

15. 坐时摆弄手指

这种情况大多发生于商议事情，或在谈论有关男女感情的时候，表示心中有所困惑。

16. 坐时双手托腮

这种人率直、不虚伪、胸无城府，非常容易相信别人，往往受人影响或利用。若女性有这种姿势，则暗示温顺而依赖心重。

17. 坐着发慌，时常转头打量周围的人

这种人意志薄弱，性格不沉稳，做错了事会找来一大堆理由为自己开脱，难担当重任。

18. 坐定下来，仔细整理衣领及袖子等衣饰

这种人聪明有余，魅力不足，自负而有敏锐的观察力，有些神经质及刚愎自用，很爱体面并在意别人的批评，是个荣誉感强烈的人。

心理小课堂：通过乘车选座了解一个人的性格

你知道吗？在日常生活中，从乘车时选座这一细节中，也可以了解一个人的心理活动。

就乘车来说，首先，靠窗户两边的座位会有人抢着坐。这是因为最先上车的乘客总是想与其他人保持距离，所以尽可能找偏远位置。其次，会挑选比较靠中间的位置。然后，逐次填充其他空位，直至坐满为止。

经常采用此种方式占座位的人，大多数是属于性格拘谨、与世无争的人，他们缺乏积极的竞争意识，一方面维护自己的私人空间，另一方面也尊

重他人的存在。但是，如果车里面的人非常多，就无法有充裕的身体空间，人们相互间挤来挤去，甚至动弹不得。这个时候他就会产生不愉快的感觉，不仅是因为他个人的身体失去了自由，也因为他认为自己的私人空间受到了侵犯。

谨慎的人大都会选择足以保护身体空间的座位。不过，当一个人处于某一种特殊心理状态之中时，其选择座位的方式，就有可能与一般原则相违背。

一个不自信的人可以用多少种站姿来掩饰

中国是一个礼仪之邦，自古以来人们都十分重视外在的形象。所谓行如风、站如松、坐如钟、卧如弓，这些都是对人们行为的标准。而现代心理学研究表明，一个人外在的形象，甚至站立时一个小小的习惯就可能透露出他的个性与心理。如果你仔细观察揣摩，会发现站立这种简单的动作也是百人百样。只要细心观察你周围的人，就可以从他们的站姿中探知其性格特征和心理状态。下面分析几种常见的站姿。

1. 双腿交叉站立

这种站姿表示内心不平静，也缺乏自信。常见于初次参加某种大型会议或招待会的羞怯之人。他们站立时双腿间的距离比其他人要远一些，还有的一些双手互抱双臂。尽管他们表现出一副心情平静的样子，谈话也显得相当随意，但他们的姿势表明，他们的内心并不平静，也缺乏自信。有的则是明显地表现出小心翼翼、无所适从的拘谨。

2. 站立时将双手插入口袋

这种站姿的人城府较深，不轻易向人表露内心的情绪，性格偏于保守、内向，凡事步步为营，警觉性极高，不肯轻信别人。

3. 站立时将双手握置于背后

这种人的性格特点是奉公守法，尊重权威，极富责任感，不过有时情绪不稳定，往往令人难以琢磨，最大的优点是有耐性，而且能够接受新思想和新观点。

4. 站立时不能静立，不断改变站立姿态

这种人性格急躁、暴烈，身心经常处于紧张的状态，而且不断改变自己的思想观念。在生活方面喜欢接受新的挑战，是典型的行动主义者。

5. 站立时常把双手置于臀部

这种人自主心强，处事认真而绝不轻率，具有驾驭一切的魅力。他们最大的缺点是主观，性格固执。

6. 站立时喜欢把双手叠放于胸前

这种人性格坚强，不屈不挠，不轻易向困境、压力低头，但是过分重视个人利益，与人交往时会经常摆出一副自我保护的防范姿态，令人难以接近。

7. 单腿直立，另一腿或弯曲或交叉或斜置于一侧

这样的人此时是持保留态度或轻微拒绝的意思，也可能是感到拘束和缺乏信心的表示。

8. 手脚随意，站姿轻松，显得无拘无束的样子

这类人熟悉场合或谈话对象，故能表现出轻松自然的真我。在集会场合，

一些开始慢慢融入人群的生人，会渐渐放松自己，从双臂、双腿交叉站立的防御姿势转为放松的无防御姿势，一些本能的动作和手势便是明证。

9. 站立时习惯把一只手插入裤袋，另一只手放在身旁

这种人性格复杂多变。有时会极易与人相处，推心置腹；有时则冷若冰霜，对人处处提防，为自己筑起一道防护网。

10. 背手站立

背手暗含有“不想把手弄脏，所以把它搁置一边”的意思。这样的人通常是非常自信的人，喜欢控制和把握局势，或自恃是居高临下的强者。若一只手抓住另一只手的手臂，则可能是在压抑自己的愤怒或其他负面情绪。

11. 遮羞式站立

手有意无意遮住裆部，一般是男性采取的动作。遮住要害部位，是一个防御性动作，说明这种人坐立不安，准备遭受批评或不赞同。

12. 站立时两手双握置于胸前

这种表现为成竹在胸，对自己的所作所为充满成功感，虽然不至于睥睨一切，但却踌躇满志，信心十足。

13. 站立时挺胸收腹、双目平视

这种表现表明此人非常自信，或者十分注意个人形象，或者说明此时的心情十分愉快。

14. 站立时含胸，背部微驼

很多女孩子在青春期发育时对身体的变化没有树立健康积极的认识，容易表现出这种站相。这样的人往往缺乏自信，如若是女孩子，则是很单纯的类型，需要加强保护或积极引导。

15. 站立时双脚合并，双手垂置身旁

这种人的性格特点是诚实可靠，循规蹈矩而且生性坚毅，不会向任何困难屈服、低头。

16. 双手叉腰而立

这是很有自信心和心理上占优势的表示。若加上双脚分开比肩宽，整个躯体显得膨胀，往往存在着潜在的进攻性。若加之脚尖拍打地面的动作，则暗示着领导力和权威。

无论是男性还是女性，站立的姿势都应给人以挺、直、高的美感。简单来说，标准的站立姿势可归纳为：抬头正首，双目平视，嘴唇微闭，面带微笑，自然平和；双肩放松并微微往下压，使人整体有向上的感觉；躯干挺直，一般提倡丁字步，即双腿微分开，前后略有交叉，身体的重心放在一只腿上，另一只则起平衡作用。站姿得当，会让人感觉全身轻松、呼吸自然、发音畅快，特别有助于提高音量。

心理小课堂：地铁、公交车上的站姿与心理

在地铁、公共汽车上站着各式各样的人，他们的站姿代表着怎样的心理呢？

紧握吊环的人，喜欢将手与吊环完全接触，如此他可获得掌握感。他的独占欲比他人加倍强烈，同时他也十分渴望安定。

只用指尖勾住吊环的人，其独立自主心极强。如果是男性，他个性比较高傲，虽然有时也听别人的话，但决不附和。

不抓吊环，而仅抓环上皮革的人，可说是洁癖家，他觉得环圈任何人都拉，一定有细菌。他也是占有欲极强的人。

一只手抓两个吊环的人，其依赖心很强，或是意志薄弱，或是他已非常疲劳了。

用指尖捏着吊环，无论电车如何晃动，他都站得极稳，他的手指只不过是形式上的抓抓而已。他是非常慎重的人，不太依赖别人，同时做任何事都会考虑得很周到。

虽然抓住了吊环，但手却不停地在动，是有些神经质的人，也表示出他内心十分不稳定。

睡眠姿势也能透露你的小秘密

心理学家们经过深入调查发现，每个人的睡眠姿势，除了与人的年龄有关外，与其性格特点也有着较为密切的关系。每一种睡姿对应着一种人格类型。同时，睡姿也能折射出这段时间的心境、情绪、心理防御等。

1. 睡觉时身体偏向一侧，双臂向下伸展，顺贴在身上

这类人大多性格开朗，爱与人交往，很多情况下显现出领导才能和号召力。不过他们容易轻信他人，过于天真。这种睡姿是悠闲自得心境的体现，是对近段时间的生活工作或学习状态比较满意。

2. 睡觉时仰面平躺，双手紧贴身体两侧

喜欢这样睡觉的人一般性格内向，比较保守，会一丝不苟地遵守严格的标准，久而久之会不自觉地严格要求别人。

3. 睡觉时将棉被从头盖到脚

这样的人在公共场合会表现出落落大方、非常率直的个性，但在他们内心深处埋藏着害羞与软弱。假如遭遇困难重重的问题，他们宁愿自己承受这种痛苦的煎熬，也不愿开口求人帮忙。

4. 睡觉时经常说梦话

这种人往往心里忧思却无处倾诉，个性比较孤僻，不喜结交朋友，不论欢喜还是忧愁他都一个人承受。此外，常说梦话表明此人正处于心神不定的状况之中。

5. 睡觉时手脚缩成一团

总的来说，这类人缺乏精力，时常显出劳苦的神情，暗示他最近正为贫困的生活而四处奔波。此外，这类型的人大多数肠胃都有问题。

6. 睡觉时肚子朝下

这类人大多数心胸狭窄，并且相当以自我为中心。他们一直强迫别人适应自己的需求，认为他所要的就是别人想要的，根本不在乎别人的感觉。

7. 睡觉时躺在胳臂上

这类人温文有礼，诚恳可爱。但是，这类人过于要求完美并且缺乏自信心。

8. 睡觉时身体偏向一侧，双手向外伸展，与身体形成直角

这种人喜欢与人交往，性格外向，易融入集体。不过他们为人较多疑，有时甚至有点偏激和愤世嫉俗，很难接受不同意见。这种睡姿是冷战或逃避问题的一种折射。

9. 睡觉时蜷缩着身体

有这种睡姿的人，非常缺乏安全感，很容易产生自私、妒忌和报复的心

理。因为此类人非常容易发脾气，所以他们周围的人都要非常小心，避免去触动他们的痛处。

10. 睡觉时要常常翻动身体

对于这种人，有多种说法。一种说法认为，这种人一生都会辗转迁徙，居无定所；另一种说法认为，这种人心事繁重，睡不安枕，遇事多忧虑。

11. 睡觉时头部从枕头一直往下溜

这种人正处于心情烦躁之中，对待事情态度悲观，往往不去寻找排忧解难的方法，为人消极，喜欢悄悄地坐在角落里，不想被人发现，性格内向胆小。

12. 睡觉时四肢呈大字形平躺着

这种人内心真诚，会是一个令人感觉到舒适的爱人，美的崇拜者，但也是一个挥霍无度的人。这种人的个性有着另外一个令人不快的特点——爱管闲事。而且更糟糕的是，这类人看起来很喜欢说长道短。

13. 睡觉时打鼾

这种人为人磊落坦荡，平易近人，往往显出胸有成竹的神情，缺点就在于他不能接受别人的批评和意见，有时显得有些不讲道理。

14. 睡觉时把牙根咬得咯咯响

这种人有收集物品的嗜好，对于他们热衷的物品，他们会把全部的热情都用在它们身上，而且废寝忘食，不顾一切，甚至于到了不达目的不罢休的地步。

15. 睡觉时把双手当作枕头

这种人是浪漫主义者，感情细腻丰富，容易动情，易念旧，时常回忆过去的时光，在时光的稍纵即逝中感叹。

16. 睡觉时交叉跷着二郎腿

有这种双腿交叉睡姿的人通常都十分自恋，会习惯于生活当中固有的模式，所以很难去接受生活上的变化。独处可能是他们认为最佳的选择。

17. 睡时眼睛稍微张开

这种人在目前环境下命运不是很顺，往往心有牵挂，忧思重重，神经极敏锐，常因过分思量引起神经衰弱，平时经常与家人、朋友有这样那样的小矛盾。

心理小课堂：睡姿暴露夫妻感情真相

不管你们是新婚宴尔，还是多年的老夫妻，都有自己喜欢的睡觉姿势。在婚姻每个不同时期，睡觉的姿势都会有所改变，或更亲密，或需要更多空间。不同的睡姿在某种程度上还能显示你们的感情如何，揭露婚姻中存在的问题。

1．汤匙式睡姿

这种睡姿表明亲密、有安全感，这是结婚3～5年的夫妻普遍采用的睡姿。研究睡觉身体语言的专家表示："通常，丈夫是拥抱者。当女性用背对着丈夫时，这可能暗示在婚姻生活中，女性的付出更多或者是丈夫特别需要细心呵护。"丈夫用最敏感的部位紧贴着妻子的臀部的汤匙式睡姿让夫妻俩最大限度地贴近对方，但这并不一定会令双方的性细胞变得活跃。心理学专家和婚姻学专家表示："很多夫妻喜欢这种睡姿仅仅是因为这种姿势舒服、有安全感。"

2．蜜月式睡姿

脸对脸，紧紧拥抱，就像劳斯莱斯标志上两个重叠的字母R一样。这种睡姿不像汤匙式那么普遍，而且一整晚保持这种姿势也会感到不舒服。当夫妻情感正处于燃烧期，妻子希望自己能够被丈夫"熔化"时，或者是刚刚缠绵过后，夫妻双方也许会喜欢这种睡姿。当然了，也有些人偏偏就是喜欢它。研究两性关系的专家表示：“这种人往往会过于依赖对方，一旦分开就无法入睡了。”

3. 仰面朝天式睡姿

丈夫脸朝上，这被称为“皇家”姿势，这意味着他是个极自我的人，比较大男子主义。虽然妻子也是脸朝上，但她的头安稳地靠在丈夫肩膀上，这意味着她依赖性强而且温顺。这种妻子会用丈夫的观点来看世界。婚姻早期，这种睡姿比较受欢迎，而且可以看出这样睡觉的夫妻有着强烈的责任感。心理学家和婚姻学专家表示：“这显示了高度的信任，你像只海龟一样四脚朝天，使身体的每部分都可受到对方的爱抚。”

4. 勾搭式睡姿

有的夫妻觉得太亲密的身体接触令人感到不舒服，他们喜欢不经意的接触，比方说脚趾或腿无意中撞到了对方，或者是妻子把脚随意搭在丈夫腿上。尽管这种姿势可能暗示丈夫或妻子其中有一方不善于表达自己的爱意，又或者是在对抗过后故意摆出这种姿态，但这也可能意味着俩人之间感情稳定。心理学家和婚姻学专家表示，腿部的勾搭意味着亲密、舒服。

5. 保持距离式睡姿

结婚超过5年的许多夫妻都觉得即使在床上，也需要保留一点点空间，让自己睡得更舒服。通常，他们在睡觉时会保持一定的距离，与汤匙状睡姿相似，但中间却有条缝。情感上的交流就完全靠搭在对方身上的手、膝盖或脚底板了。心理学家和婚姻学专家表示：“这种睡姿在保留一定空间的同时，又不失亲密。同时减少了身体上的接触，性欲相对来说也就没那么容易被激起了。这是种充满爱意的睡姿，但却不诱惑。”

好不好相处，让他走两步瞧瞧

心理学研究表明，人体中越是远离大脑的部位，其可信度越大。我们与别人相处，总是最注意他们的脸，殊不知，远离大脑的腿部才是最诚实的部位。

腿部的习惯动作如同人体其他部位一样，也有着自己的语言，在我国丰富的语言词汇里，有许多描述“脚语”的形容词。这些词与其说是描写脚步的轻、重、缓、急、稳、沉、乱等，不如说是描述人的内心或稳定或失衡，恬静或急躁，安详或失措的状态。

人的心情不同，走路的姿势也就不同；人的性格各异，走起路来也就有不同的风采。腿部语言是一种节奏，是为情绪打拍子的，如同舞场的旋律。“暴跳如雷”是自然界的快节奏和重节奏；“春风得意马蹄疾”是另一种节奏，一种快旋律的轻节奏。

人的走路姿势尽管因地、因事而异，但是每个人都有自己固定的走姿。这样我们就能解释一种现象：对于熟悉者，你不用见其人，仅凭脚步声，就能判断出个十之八九了。那么，常见的走姿有哪些，它们又体现人们怎样的心理特征呢？

1. 八字形走姿

若走路姿势呈外八字状，则表明此人有对外侵略性，擅长在无形中占有别人的东西。相反，若是内八字，则表明此人比较柔弱，很容易被说服，而且常常无条件地割让自己的利益。

2. 款款摇曳型走姿

这类人一般为女性，她们腰肢柔软，摇曳生姿。但是千万不要认为她们是放荡成性，因为其中多数为人坦诚热情，心地善良，容易相处，在社交场合永远是中心人物，颇受欢迎。

3. 随便型

步伐随便，没有什么固定的规律，有时双手插进裤袋里，双肩紧缩，有时双手伸开，挺起胸膛。这类人达观、大方、不拘小节，慷慨有义气，有开创事业的雄心，但有时会夸大、争执、不肯让人。

4. 走路常将一只手或双手同时插进口袋

这类人看似洒脱不羁，其实心思细腻，有时还有点多愁善感呢！他们很重感情又很懂情，一生有很多风花雪月的故事。现实中，为这类人潇洒的外表而着迷的异性很多，追逐者会如痴如狂地被其偶尔流露出来的抑郁气质所吸引。

5. 斯文型走姿

双足平放，双手自然摆动，没有扭捏，走起来异常斯文。这类人多胆小、保守，缺乏远大理想，但遇事冷静沉着，不易发怒。

6. 踌躇型走姿

举步缓慢，踌躇不前，好像前面布有陷阱似的。这类人软弱，逢事严谨考虑，但憨直无诡，重感情，交友谨慎。

7. 上身微倾型走姿

走路时上身向前微倾，这类人个性平和内向，谦虚而含蓄，不会花言巧语。他们与人相处，表面上沉默冷漠，却极重情义，一旦成为知交，至死不渝。

8. 昂首阔步型走姿

这类人往往以自我为中心，凡事靠自己，对人际交往比较淡漠，但思维敏捷，做事有条有理，富有组织能力，并且始终保持自己的完美形象。

9. 观望型走姿

行走迟钝，左观右望，闪闪缩缩，仿佛做了亏心事。这类人胸无大志，贪小便宜，不善交朋友，喜欢独居生活，工作效率很低。

10. 吊脚型走姿

步姿轻佻，脚步飘浮。这类人比较狡猾，聪明而不能善用，不怒形于色，肯帮助别人，却索高昂的代价。

11. 冲锋型走姿

举步急速，从不后顾，不论人群拥挤之地或寂静之地，一样横冲直撞。这类人性格急躁，坦诚，喜交谈，不会做对不起朋友的事。

12. 军人型走姿

步履整齐，双手规则摆动。这类人意志力很强，具有高度组织力，但偏于武断独裁，对生命及信念固执专注，不易为人所动，而且不惜牺牲一切去达到自己的目标与理想。

13. 踏地型走姿

双足落地有声，挺胸，举步快捷。这类人胸怀大志，富于进取心，理智与感情并重。

14. 步伐平稳型走姿

这类人注重现实，精明而稳健，不好高骛远，凡事三思而行，不轻信人言，重信义诺言，是一种可以信赖的人。

15. 步伐急促型走姿

不论是否有急事，都步履匆匆。这类人明快而有效率，遇事不会推卸责任，精力充沛，喜爱面对各种挑战。

16. 混乱型走姿

双足、双手挥动不均，步伐长短不齐，频率复杂。这类人善忘、多疑，往往做事不负责任。

17. 缓慢型走姿

走路速度较慢，五指自然微微弯曲。这类人自律甚严，对朋友、同事或亲人都十分宽容。有时，性格显得有点怯弱，心里却绝对有主见、有思想，能成大业。在爱情方面，他们更注重精神层面，喜欢稳定而持久的爱。忠贞不渝、和蔼可亲是这类人最容易取得异性好感的奥秘。

18. 握拳型走姿

走路速度一般，手掌自然握成拳状。这类人富于行动力，最讨厌拖泥带水或纸上谈兵；有着一腔正义，敢于仗义执言，帮助弱小，很受人欢迎。这类人勇于表现心中的爱，追求也如同个性一样有豪气，这种行事方法会令很多异性乖乖就范。当然，他们求爱的花样可能传统了些，也绝不会介入不明不白的感情纠葛中，就感情问题而言，属于理智胜于感情的类型。

19. 五指伸直型走姿

走路速度较快，五指伸得笔直。这类人严肃认真，言出必行，只要是想办成的事情，就一定会努力去达到目标；在工作或学习上，遵规守纪，对自身要求颇高。如果用这种态度来对待爱情则显得太正经了一点，过于严谨的态度很难给恋人轻松愉快的感觉。

20. 作态型走姿

走路如随风杨柳，左摇右摆，前顾后顾。这类人好装腔作势，做事不肯负责，气量狭隘，奸诈，善于谄媚。

心理小课堂：五种走姿看懂男人的心理秘密

从一个人的各种动作去观察一个人，这是很多心理医生都采用的一种方法，特别是观察一个男人怎样走路，并从走姿中透视其心理，你肯定会觉得妙趣横生。

1．步伐平缓的男人

这类男人走路时总是一副慢腾腾的样子，无论别人说得如何急，他都不在乎似的，这是典型的现实主义派。他们凡事讲求稳重，“三思而后行”，绝不好高骛远。如果他们在事业上得到提拔和重视的话，也许并不是他们有什么“后台”，而是他们那种务实的精神给自己创造的机会。

2．步伐急促的男人

这类男人是典型的行动主义者，大多精力充沛、精明能干，敢于面对现实生活中的各种挑战，适应能力特别强，尤其是凡事讲求效率，从不拖泥带水等。

3．身体前倾的男人

有的男人走路时习惯于身体向前倾斜甚至看上去像猫着腰。这类人的性格大多较温柔、内向，见到漂亮的女性时多半要脸红。但他们为人谦虚，一般都有良好的自身修养。

4. 踱方步的男人

迈着这种步态的男人是非常稳重的，他们认为面对任何困难时，最重要的是保持清醒的头脑，不希望被任何带有感情色彩的东西左右了自己的判断力和分析力。

这种男人有时也觉得累，为了保持自己的尊严，他们很难在人前笑口常开。他们对自己的身体形态进行严格控制，虽然受别人敬畏，可在一人独处时却感到压抑。因为这种人涉世极深，了解人情冷暖。

5. 军事步伐的男人

走路如同上军操，步伐齐整，双手有规则地摆动。这种男人意志力较强，对自己的信念非常专注，他们选定的目标一般不会因外在的环境和事物的变化而受影响。

这类人如果能充分发挥自己的长处，一定收效颇丰，因为他们对事业的执着是其他类型的人不可比拟的。但如果你的上司是这种人的话，日子可就不好受了，很多时候你会“吃不了兜着走”，因为他们一般都比较“独裁”，而且有时候甚至会不惜牺牲一切去达到他个人的理想和目标。

小手动作这么多，都是真实的你

我们说话时，总会不经意配点手势，如果讲话时不做点手势总觉得有点别扭。可以说小小的手掌，也是交流的好工具。心理学家经过研究发现，手掌的小动作能反映一个人的内心。

人的大脑皮层除了控制面部的动作之外，绝大部分都是用来控制手部动作的。比如，当我们说“捏一把汗”时，紧张的情绪就不仅表现在脸上，还会在手中显现出来，甚至“手的表情”比“脸的表情”表现得更真实。美国《肢体财富》列举了以下最常见的手部动作。

1. 搓手

搓手不仅仅是人由于怕冷才采用的姿势，还表示内心的一种期待情绪，期待某事的成功或预期得以实现。

急速地搓动手掌，表达内心的一种跃跃欲试的急切心情；而慢慢地搓手掌，则说明事情遇到有决定性作用的选择时的一种犹豫不定，或是要做的事阻力太大。比如，你向业务主管提交一份工作计划，主管看完后，如果飞速地搓手掌，然后抬头。在他做出回答之前，你已经能从他的动作中看出计划通过了。但是，如果他慢慢地搓动着手掌，则说明这份计划有可能部分被否决甚至是被“枪毙”。

2. 说话时抓头发或摸耳朵

说话时喜欢这样做的人通常心思细腻，甚至有些敏感。有时别人认为是鸡毛蒜皮的小事，在他们看来就是大事。

3. 说话时不时地用手遮住嘴巴

通常，这类人心性懦弱、内向拘谨，无法与人分享内心的秘密。另外，有些女人喜欢用手背遮住嘴，表示她对面前的人有好感。倘若这个动作频频出现在男人身上，则表明他有点“娘娘腔”。

4. 说话时用手摸鼻子

说话时不断摸鼻子，就可能在撒谎。人在撒谎时鼻部组织会因充血而膨胀扩大，说谎者会因鼻子发痒而不断触摸。

5. 说话时手指放在双唇间

这可能说明他在一边仔细思考一边说话，而不是信口开河。

6. V形手势

做V形手势时，手心向外，伸出食指和中指，其余三指并拢，意思是“成功”。由于英文单词“victory”（胜利）的第一个字母是“V”，所以，V形手势象征着胜利和成功，表示动作发出者信心满满，对目标事物志在必得。在年轻人特别是青年学生中，这种手势得到普遍使用。但是，如果掌心向内，这个手势只是表示数字“2”。

7. 把双肘支在桌子上，双手交叉

这种动作表示“拒绝”的意思，手支起是要搭起屏障，阻挡对方。

8. 手不停地摆弄近旁的某些东西

这种动作有两种意思：一种是心里紧张不安；另一种是心不在焉，漫不经心。

9. 一只手支在腮帮上，另一只手撑着脑袋

如果一个人没事的时候做出这种动作，则表示心里“想依靠某个人”，有“需要他人的支持”的想法。如果在交谈过程中对方做出这种动作，还是尽快交出谈话的主动权为妙。

10. 说话时不断用手摸眼睛

说话时做这个动作有两种意思：一是感到很疲乏；二是不同意对方的观点，想发表意见。有统计发现，一般人每小时至少摸一次眼睛。

11. 把手揣在上衣口袋或裤兜里

这个动作可以把手隐藏起来，基本上是出于不愿意暴露真心的戒备心理。要么是有不可告人的事，要么是不信任对方。

12. 背手

双手背后，昂首挺胸，常常是政治家惯用的姿势。这种动作表示此人崇尚权威，而且充满自信。在日常生活中，某些在街上巡逻的警察，大企业的厂长、经理或退休老干部等常用这种姿势。背手，还给人一种镇定自若的感觉。

如果双手背后，一只手抓住另一只手的手腕或胳膊，则是一个人由于心理紧张而不自觉采用的姿势，以便控制自己的紧张情绪。害羞的少女在陌生人面前也会不自觉地采用这种姿势。在这种控制性的姿势里，手握的位置越高，说

明情绪紧张的程度越高。

13. 双手摊放在桌面上

这表示很放松，心里已经接受了对方。

14. 手放在脑后

很多人害羞的时候会有类似的动作。如果同时还伴有双腿伸直，身子后仰，则表示放松。如若不然，就是拒绝别人接近的戒备心理在起作用。

15. 触碰鼻子

如果是用手触碰鼻子，表示心里想着不可以参与对方提到的事。如果是用指尖顶着鼻翼，则表示怀疑对方的话。如果不断重复这一动作则表示“拒绝”。如果手指在鼻子的下面，则表示心里很不快。

16. 挽着胳膊

挽胳膊的具体姿势不同，意义也不同。挺着胸，挽在比较靠上边位置时，表示想夸耀自己了不起。挽在比较靠下的位置，且紧紧贴着身体时，是“防卫信号”，企图在自己面前搭起一个保护屏障。如果挽胳膊时还弓着背，则可以解释为心中局促不安。

17. 转动手腕

这表示正在认真倾听对方的发言，对正谈论的事情很感兴趣。

18. 用手抚摸额头

这表示十分疲惫。不过，说谎时也会经常出现这种动作。

19. 十指交叉

在交谈过程中，如果对方下意识地将双手交叉扣在一起，这表示对方对你表达的意见持相反态度，他正准备着选择合适的时机反驳你。这时，你要准备应对对方的相反意见。

20．合掌伸指

合掌伸指是日常交往中表意最明显也最强烈的一个手势。它有指示、命令对方去做某事之意。因此在日常交往中，一般不要对对方做出合掌伸指的手势，这会引起对方的强烈反感。特别要注意的是，在马来西亚和菲律宾，这样的手势表示对别人的侮辱，一定要注意文化差异，不要触犯了民族情绪。

心理小课堂："快乐脚"的秘密

著名的语言学家皮斯夫妇发现：手心向上往往没有恶意，表示妥协、服从、接纳和邀请，好像在说"我是坦诚的""我手里没有武器"；而翻转手掌，手心向下，则代表权威、地位、命令和抗拒。

在我们拒绝或命令他人时，我们的手心一般都是向下的。比如，纳粹头子希特勒举世闻名的敬礼姿势就是手心朝下，假如他敬礼时手心朝上，估计谁都不会把这个小个子放在眼里。此外，当情侣牵手时，往往都是男士的手掌向下，女士手心向上，这说明了男士的强势和女士的顺从。

在交谈中，一旦你摆出手心朝下的手势，你在对方眼中的权威性就会立刻大增。假如你和对方的身份、地位平等，当你提要求时手心朝下，他可能会觉得你太霸道；假如你在推销时，那么从对方的手心可以看出他对你是不是还心存戒心，从而知道自己是否应该少说点或者换个说话方式；但假如你是上司，那么，手心朝下会增加你的威严，让人觉得不怒自威。

心理测试：两个小动作看透你

你习惯用左脑分析还是右脑思考，从你平时的两个动作就可以看出你的性格及思考方式，这是日本的USA/SAU/SASA/UU性格诊断，利用人类左右脑各司其职的特性，设计了简单的两个惯性动作，分辨出这个人习惯以左脑（主理性——语言、计算、分析）、右脑（主感性——直觉、想象、创造）来作为解读信息用的“接收脑”，还是决定怎么说、怎么行动的“传达脑”，进而了解一个人的潜在性格与行为模式。一起来测试一下吧！

1. 双手直觉十指交握（显示一个人“接收脑”的惯用情形）

左手拇指在上——U（意思是接收信息时优先使用感性为主的右脑）

右手拇指在上——SA（意思是接收信息时优先使用理性为主的左脑）

2. 双手直觉交错抱胸（显示一个人“传达脑”的惯用情形）

右手臂在上——U（意思是传达信息时优先使用感性为主的右脑）

左手臂在上——SA（意思是传达信息时优先使用理性为主的左脑）

将1和2的结果按顺序组合起来，就能测出性格特征哦！你的结果是？

结果解析

SASA女

性格：无坚不摧的铁娘子。为人一本正经，给人精明干练的距离感。若跟SASA女成为好友，她是值得依赖的好帮手；但若成为敌人，她就会非常难缠！

恋爱：想太多地自我设限。交往前会想太多，对恋爱小心翼翼，不过很容易因此放弃。对主动告白的异性会难以招架，不过要小心反被聪明误！

USA女

性格：热情的好听众。散发出安心、温柔、善解人意的气质，是一个人人都想跟你说心事的好听众。如果别人苦苦哀求你，总是很难拒绝别人！

恋爱：难以爽快脱身。虽然会理性评估对方，不过一旦陷入热恋，就完全被感性主导，当热情不在时，很容易因对方对自己的依赖而无法爽快分手！

UU女

性格：直觉行事的侠女。热血又充满个人魅力，会突然失控大笑或大哭，但都是出自真心，因此颇受朋友喜欢，最明显的就是购买东西完全凭感觉，就算不实用或已有相同款式还是想买！

恋爱：单纯的爱情至上者。以自己心里的感觉为主，不会参考对方或客观因素来决定自己下一步的举动。若对对方很有好感，一整天就像春暖花开；如果对方疑似劈腿，也会惊天动地大哭一场。但也很容易变心！

SAU女

性格：阳刚味的大姐大。因为冷静观察与分析的性格，在同性之间很容易展现气概与责任感，常常是女生之间的大姐大，但掌握全场之余又不失冷静观察！

恋爱：有目标地下手。能操控自己的感觉，冷静分析对方是否适合自己，一旦锁定目标，就会用尽方法维持热度，虽然严谨以对，但内心总有一把不可告人的浪漫烈火！

SASA男

性格：超级理性的数位人。完全以左脑为主的男性，以步骤跟数位为行事的准则，总是条理分明，不太能察觉感情，所以会给人固执、偏执的感觉！

恋爱：慢热专情的完美主义者。会在心中描绘完美形象，面对真实感情却显得慢热、自闭。一旦点燃热情后，就会持续专情，就算对方回应冷淡，SASA男仍念兹在兹，从一而终！

USA男

性格：情义相挺的汉子。虽然看似冷酷，其实很重感情，会以直觉印象为出发点，然后再以坚决的步伐行事，就是那种看你顺眼，就会收你做徒弟，挺你的那种大哥！

恋爱：不打没有把握的仗。恋爱成功概率很高，一旦确认对方也对自己有好感后，就会火力全开。不过爱得深，对女方的要求与猜疑也很深！

UU男

性格：永远乐观的国王。因为相信自己的直觉，所以会显得自信满满，率直天真。缺点就是对不感兴趣的事，也丝毫不想掩饰，会显得兴趣缺乏甚至漠不关心！

恋爱：自我得意的攻势。很容易自我沉溺在热恋气氛中，不过太过率直乐观的个性，可能会误解别人对你有好感，陷入自我得意的陷阱中！

SAU男

性格：智囊分析者。喜欢探求真理并擅长分析，常是旁人意见的给予者，给人一种冷静稳当的感觉，不喜欢与人争吵，很能妥善地处理事情！

恋爱：可能性至上。把自己喜不喜欢对方放在其次，反而以跟对方能否发展下去为第一前提，是个很适合爱情长跑或结婚的对象！

Part6

穿衣搭配是人的另一张脸

穿着打扮不得体的人，有些人是想引人注意，明知别人会投以异样的眼光，却故意穿得很另类。像许多知名的颁奖典礼，都会有人穿得惊世骇俗。别以为他们不懂造型，不知道要视场合穿衣服，他们其实是想借着不按牌理的穿着来吸引众人的目光。当然也有人是真的缺乏常识，不懂得要依场合的性质来选择穿着打扮。

从穿衣是可以看出一个人的性格来的，喜欢穿什么料子的衣服，喜欢穿什么类型的衣服，喜欢穿什么样式的衣服……这些都暗示着你是怎样的性格。

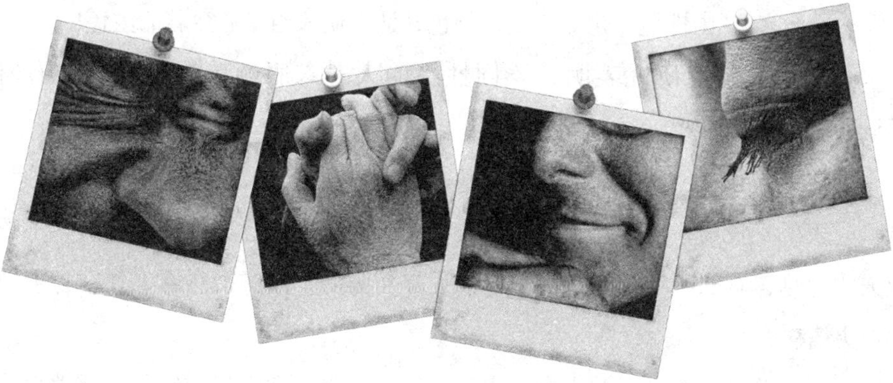

穿衣搭配的色彩心理学

把色彩心理学的研究应用到服饰上，确实能达到某些实用性的效果。服饰的色彩是抽象的语言，它能在你尚未开口讲话前，就传递出一些特定的信息给对方，让对方产生相关的联想，甚至引起某些细微的反应。

一般而言，“中性色”是最实用的颜色，适合用来当专业穿着的主色。

心理学家经过研究表明，不同性格的人对衣服颜色的喜好也会有所不同。

经常穿五颜六色、款式独特的衣服的人，虚荣心比较强，爱成为众人的焦点，爱表现，张扬，但太趋于流俗，缺少秀美的成分。这类人特别任性，不听他人的意见，有独断专行的特点。他们爱自作聪明，其实很愚蠢，往往把事情搞得更糟糕。

经常穿单一色调衣服的人大多比较正直、刚强，理性思维较强，感性思维较弱。

经常穿深颜色衣服的人不太爱说话，性格比较稳重，显得很有城府，很老练。他们遇到事情的时候能够沉着冷静，深谋远虑，一般人不是他的对手，最好不要与他耍心计。

经常穿淡颜色衣服的人个性比较开朗、活泼，谈吐能力较好，擅长交际。

总而言之，颜色会对人的心理产生各种影响，如果想给他人留下一个好印象，那就要选对自己衣服的颜色。下面就具体介绍下各种服饰的色彩所代表的含义。

1. 灰色

灰色象征诚恳、沉稳、考究。其中的铁灰、炭灰、暗灰，在无形中散发出智能、成功、权威等强烈信息；中灰与淡灰色则带有哲学家的沉静。

当灰色服饰质感不佳时，整个人看起来会黯淡无光、没精神，甚至造成邋遢、不干净的错觉。灰色在权威中带着精确，特别受金融业人士喜爱。当你需要表现成功、权威、诚恳、认真、沉稳等时，可穿灰色衣服。

2. 白色

白色象征纯洁、神圣、善良、信任与开放。但身上白色面积太大，会给人疏离、梦幻的感觉。当你需要赢得做事干净利落的信任感时可穿白色上衣，像基本款的白衬衫就是粉领族的必备单品。

3. 黑色

黑色象征权威、高雅、低调、创意，也意味着执着、冷漠、防御，视服饰的款式与风格而定。

黑色为大多数主管或白领专业人士所喜爱，当你需要展示极度权威、表现专业、展现品味、不想引人注目或想专心处理事情时，例如高级主管的日常穿着、主持演示文稿、在公开场合演讲、写企划案、创作、从事跟“美”“设计”有关的工作时，都可以穿黑色。

4. 红色

红色象征热情、性感、权威、自信，是种能量充沛的色彩——全然的自我、全然的自信、全然的要别人注意你。不过有时候会给人血腥、暴力、嫉妒、控制的印象，容易造成心理压力。

因此，与人谈判或协商时不宜穿红色；预计有火爆场面时，也请避免穿红色。当你想要在大型场合中展现自信与权威的时候，可以让红色单品助你一臂之力。

5. 粉红色

粉红象征温柔、甜美、浪漫、没有压力，可以软化攻击，安抚浮躁。比粉红色更深一点的桃红色则象征着女性化的热情，比起粉红色的浪漫，桃红色是更为洒脱、大方的色彩。

在需要权威的场合，不宜穿大面积的粉红色，并且需要与其他较具权威感的色彩做搭配。而桃红色的艳丽则很容易把人淹没，也不宜大面积使用。当你要和女性谈公事、提案时，或者需要源源不绝的创意时，安慰别人时，从事咨询工作时，粉红色都是很好的选择。

6. 蓝色

蓝色是灵性、知性兼具的色彩。明亮的天空蓝，象征希望、理想、独立；暗沉的蓝，意味着诚实、信赖与权威；正蓝、宝蓝在热情中带着坚定与智慧；淡蓝、粉蓝可以让自己，也让对方完全放松。

蓝色在美术设计上，是应用度最广的颜色；在穿着上，同样也是最没有禁忌的颜色，只要是适合你的蓝色，并且搭配得宜，都可以放心穿着。想要使心情平静时，需要思考时，与人谈判或协商时，想要对方听你讲话时，都可穿蓝色。

7. 褐色、棕色、咖啡色系

典雅中蕴含安定、沉静、平和、亲切等意象，给人情绪稳定、容易相处的感觉。没有搭配好的话，会让人感到沉闷、单调、老气、缺乏活力。

当需要表现友善亲切时可以穿棕褐、咖啡色系的服饰，例如参加部门会议或午餐汇报时，募款时，做问卷调查时。当不想招摇或引人注目时，褐色、棕色、咖啡色系也是很好的选择。

8. 绿色

绿色给人无限的安全感受，在人际关系的协调上可扮演重要的角色。绿色象征自由和平、新鲜舒适；黄绿色给人清新、有活力、快乐的感受；明度较低的草绿、墨绿、橄榄绿则给人沉稳、知性的印象。

绿色的负面意义，暗示了隐藏、被动，不小心就会穿出没有创意的感觉，在团体中容易失去参与感，所以在搭配上需要其他色彩来调和。绿色是参加任何环保、动物保育活动、休闲活动时很适合的颜色，也很适合做心灵沉潜时穿着。

9. 橙色

橙色富于母爱或大姐姐的热心特质，给人温暖、亲切、坦率、开朗、健康的感觉；尤其是介于橙色和粉红色之间的粉橘色，则是浪漫中带着成熟的色彩，让人感到安适、放心。但若是搭配俗气，会给人一种土里土气、婆婆妈妈的感受。橙色是从事社会服务工作时，特别是需要阳光般的温情时最适合的着装色彩之一。

10. 黄色

黄色是明度极高的颜色，能刺激大脑中与焦虑有关的区域，具有警告的效果，所以雨具、雨衣多半是黄色。艳黄色象征信心、聪明、希望；淡黄色显得天真、浪漫、娇嫩。

不过，艳黄色有不稳定、招摇，甚至挑衅的味道，不适合在任何可能引起冲突的场合（如谈判场合）穿着。黄色适合在任何快乐的场合穿着，譬如生日会、同学会；适合在希望引起人注意时穿着。

11. 紫色

紫色是优雅、浪漫，并且具有哲学家气质的颜色。紫色的光波最短，在自然界中较少见到，所以被引申为象征高贵的色彩。淡紫色的浪漫，不同于粉红小女孩式的，而是像隔着一层薄纱，带有高贵、神秘、高不可攀的感觉；而深紫色、艳紫色则是魅力十足，有点狂野又难以探测的华丽浪漫。若时、地、人不对，穿着紫色可能会给人留下高傲、矫揉造作的印象。

心理小课堂：女人衣着与性格的六种类型

女人永远抵挡不了各式各样服饰的诱惑，她们与衣服的关系可谓密切。有心理学家以东方女性作为研究对象，看她们的衣着，继而归纳她们的特征，结果得出了一套“看衣着知性格”的结论。如果你是男士，那么下面这段会对你有所帮助，帮你判断你眼前的那位女人到底是怎样一种性格。

1. 常穿丝质衣物——诱惑型

由于丝质衣物极度柔软，若没有出众身材，根本没法穿得好看，所以这类女性对自己的身材充满自信，同时亦希望得到男士的注意。爱穿丝质衣物的女性，潜意识中都希望征服男性，并热情大胆。

2. 常穿白色棉质衣物——健康型

这种类型的女性较为活泼，喜欢追求阳光般的生活，自我期望颇高，而对于另一半也期望他是个率性洒脱、积极向上的男子，渴望拥有一份踏实稳定的爱。因为她们容易爱得深，于是对男人会抓得更紧。

3. 常穿艳色系列衣物——主动型

这种类型的女性在其潜意识中会不自觉地喜欢采取主动，干脆、大方、爽快是此种女子的共同点。

4. 常穿粉色系列衣物——浪漫型

温柔甜美又讨人喜欢是此类型女性共通的表现，充满着罗曼蒂克的幻想和害羞保守的矜持。

5. 常穿印花图案衣物——可爱型

这种类型的女性做事情缺乏主见，总是抱着又期待又怕受伤害的心理，不敢随便尝试。无论做什么事情都只是点到为止，非常保守。

6. 喜穿宽大衣物——平淡型

这种类型的女性对许多事情都缺乏兴趣，对别人的要求也不多，缺乏一定的浪漫感。

7. 常穿紧身衣物——开放型

这种类型的女性最不愿意受约束，性格属于开放不拘的，常有叛逆心理。这种人做事干脆利落，且富有同情心。

为什么说“看人先看鞋”

生活中，你如何了解他人的性格？从他（她）的兴趣爱好，还是从他（她）的言谈举止？这些或许可以反映人某一方面的性格，但是通过这些渠道得到的信息有时候似乎并不准确。心理学家研究发现，一个人的穿着打扮能很准确地反映这个人的性格。如果让一个人说言不由衷的话很简单，可是要让他（她）穿自己不喜欢的衣服或鞋子却并不容易。而鞋子比衣服更能说明问题，也最能窥探一个人的内心世界。

美国堪萨斯大学的心理学家做过一项实验：他们选取了一些大学生志愿者作为研究样本，让这些学生看完每双鞋子后猜测鞋子主人的性别、年龄、社会状况和不同的性格特征。研究结果发现，观察者能够比较准确地猜测出鞋子主人的各种特征。

由于鞋子在款式、品牌、外观和功能上千差万别，所以鞋子能作为一种非文字性暗示，象征性地表达出主人的一些信息。比如，那些性格随和的人通常会穿实用性和功能性很强的鞋子；进取心较强的人则爱穿短靴；存在依恋焦虑或担忧人际关系的人通常会穿一双崭新并且保养得很好的鞋子，因为他们非常关注自己的外表，也很在意别人对自己的看法。

下面就具体介绍下怎样通过鞋子来判断他人性格吧。

1. 穿价格昂贵的鞋子的人

这类人一般收入比较高，因为经济收入较高的人地位一般也比较高，会注重自己的品位和仪表。相反，不拘一格的自由派人物则喜欢穿破破烂烂且廉价的鞋子。

2. 穿颜色鲜艳的鞋子的人

我们知道，性格外向开朗的人穿衣服会选择鲜亮的颜色，他们同时也会把自己活泼开朗的性格表现在自己的鞋子上面，因此性格开朗的人鞋子的颜色也都是靓丽的。

3. 穿款式单调乏味的鞋子的人

这些人一般情感淡漠，他们并不在意别人怎么看待自己，所以在总体打扮上不是那么突出显眼，也不愿意和他人过多交往。

4. 常常穿同一款鞋子的人

他们在思想上是相当独立的，知道自己喜欢什么，不喜欢什么。他们十分重视自己的感受，而不会过多地在意他人怎么看。他们对情感都是相当忠诚的，不会轻易背叛。

5. 穿没有鞋带的鞋子的人

这些人并没有太多出格的地方，穿戴装扮和思想意识都和绝大多数人差不多。但他们比较传统和守旧，中规中矩，追求整洁，表现欲望不强，有时候难以接受新观念和较少崭露头角。

6. 喜欢穿时髦的鞋子的人

在这些人的意识里，只要是流行的就是好的，他们才不管自身的条件是否与流行相切合，是否合乎实际。所以有时候盲目地跟风，却达不到理想的效果。这种人干事时常缺少周全的思量，所以会左支右绌。他们对新鲜事物的接管本领比较强，表现欲和虚荣心也较强。

7. 喜欢穿运动鞋的人

具有这种偏好的人努力乐观，为人较亲切、自然，纪律性不强，比较随便。

8. 喜欢穿细高跟鞋的人

即便女性们知晓穿细高跟鞋的不便和危害，但爱美的个性让她们不会在意这些。这样的女性，表现欲是很强的，她们希望能引起他人，尤其是异性的注意力。

9. 喜欢穿郊游靴的人

这类人会在事情上投入充裕的时间和精神，他们有较强的挑战意识和创新意识，敢于冒险和向未知领域挺进，而且有较强的自信心，属于敢闯敢拼的一类人。

10. 喜欢穿暴露脚趾的鞋子的人

这类人多是外向型的人，并且思想意识比较前卫，浑身上下布满了自由的味道。他们很乐于与人交友，而且能拿得起放得下，比较洒脱。

11. 喜欢穿靴子的人

这样的人，自信心并不是很强，而靴子能在一定程度上为他们带来一些自信。另外，他们很有安全意识，懂得在适当的场所和时机将自己很好地掩蔽起来。

心理小课堂：从穿鞋爱好看懂女孩子的内心

女孩子天生爱美，鞋子更是时尚美丽必不可少的一部分。但是，你知道吗，女孩穿鞋子的习惯可以反映出她的性格。下面就介绍几种女孩子常见的穿鞋喜好，看看反映了怎样的性格特征。

1．喜欢穿凉鞋的女孩

这种女孩对自己相当有自信，喜欢将自己美好的一面表现出来。一般而言，她的人缘不错，朋友也不少，对异性也很有兴趣。不过有时候会对男友要求较多，希望对方的意见与自己一样，而且个性颇为固执，不易说服。如果要当她的男友，可能要有耐心及多替她着想。

2．喜欢穿高跟包鞋的女孩

这类女孩个性成熟大方，喜欢思考，头脑聪明。她在生活及工作上都相当尽责与努力，对周围的人和事物要求会比较高，但是因为想要的东西太多，有时会因为无法满足而脾气不佳。一般来说，这样的女孩比较适合坦诚相对，如果你想要追求她，就大方地对她好，关心她。如果她觉得你是一个值得交往的对象，通常不会故意摆架子刁难你。

3．喜欢穿运动及休闲鞋的女孩

这种女孩表面上看来大而化之，容易相处，但是她非常会保护自己，警觉心很强。表面上很容易和男生打成一片，其实只是把这些男生当成同性朋友一般，反而对心里喜欢的那一位，保持距离，敬而远之。一般朋友比较难看出她的心事，在坚强的防卫之下，其实她有非常脆弱的情感。

4．喜欢穿学生样式、造型简单的鞋子的女孩

这种女孩个性单纯敏感，家庭教育严谨，容易压抑自己的情感。一般来说，可能是父母管得比较紧，或是学校、工作场所风气较为保守，所以平时言行比较内敛，但是这样的女孩子其实内心会想尝试一些冒险的经历。

5．喜欢穿短筒靴子或长筒马靴的女孩

这种女孩爱好自由，个性独立，不喜欢受拘束，勇于表现自己。一般来说，这种女孩子不是外表出众，就是相当聪明、有能力，容易成为异性倾慕

的对象。虽然她看起来好像不难亲近，但是要成为她的男友，必须具有某种才华，并且了解她，才能赢得她的芳心。

6. 喜欢穿厚底、造型特殊的鞋子的女孩

这种女孩注意时尚，并且追逐流行，喜欢成为大家的焦点，外表看来作风大胆，其实内心相当保守。她可能对自己本身不具备足够的信心，所以会希望成为流行的一分子，让人也注意到她的存在。想要追求她的人，必须多多肯定她的优点，给予鼓励，这样会让她更加有自信。

提包是识透人心的法宝

大多数人在工作和生活中，都会随身携带手提包，除了日常生活中的使用之外，手提包中还隐藏着一些人们看不到的心理需求。也就是说，手提包可以在一定程度上向外界传达一定的信息，让外界通过手提包来认识手提包的主人。

首先，要认识到手提包能给人们带来安全感。包包就像贴心伴侣，随身带着它，人们的心里才有一份可依赖的踏实感。人们对包包的热爱体现了马斯洛的安全需求。当人们从封闭的小家里走进广阔的社会中，正是身上的包包给了她们某种情感依托。在某些场合，包包还可以帮助人们很好地缓解内心的紧张和不安。

手提包的样式多种多样，人们可以根据自己的喜好进行选择。通过观察一个人所使用的皮包，可以看出他的个性、品味，还能判断他最近一段时间内的心情变化。

下面就介绍下怎样通过手提包的类型来判断他人的性格特点。

1. 喜欢大众化提包的人

这种人性格也比较大众化，随大流。而选择的提包很有特点，让人过目不忘的人，一般个性非常突出，对任何事物都有着标新立异的想法。

2. 喜欢休闲样式提包的人

这种人态度比较随和，不会过分苛求自己。

3. 喜欢具有浓郁的民族风情手提包的人

这种人自主意识比较强，是个人主义者。他们个性突出，往往有着与别人截然不同的衣着打扮、思维方式等。有些时候表现得与他人格格不入，所以他们的人际关系搞得并不理想。

4. 喜欢小巧精致但不太实用的提包的人

这种人大多比较年轻，遇到挫折时容易妥协和退让。但如果是比较成熟的人还热衷于这样的提包，则说明这个人对于生活的态度比较积极乐观，充满美好的期待。

5. 喜欢肩带式提包的人

这种人性格上相对比较独立，但交际圈子也比较狭窄。

6. 选择有很多口袋提包的人

这种人平时做事比较规律有序，不会轻易做出冲动糊涂的事情。

7. 喜欢公文包的人

如果选择的提包都是公文包，这从一个方面说明了提包主人工作的性质。他们可能是总经理，如果是普通职员，也是在比较正规的单位。选择公文包可能是出于工作的需要，但这其中多少也能表现此种人的性格特征。这种人大多办事比较小心、谨慎，对人也会相当严厉。当然，他们对自己的要求往往更高。

8. 喜欢方形提包的人

装有小把手的方形或长方形的手提包，在有些时候可以当成一件饰品。这种手提包外形和体积都相对较小，所以使用起来并不是特别方便。喜爱这一款式手提包的人，多是没有经历过什么磨难的人。他们比较脆弱，遇到挫折容易退缩和妥协。

9. 喜欢小巧且质地优良的提包的人

这种人多为完美型性格者。他们的手提包很小，用质地上乘的皮革制成，以分隔出好多间隔为特色。他们的手提包为每件东西都准备了空间，以便把它们放在合适的位置。

10. 喜欢超大型手提包的人

这种人性格多是自由自在、无拘无束的，他们很容易与他人建立某种特殊的关系，也会很容易破裂，这也是由他们的性格决定的，因为他们的生活态度太散漫，缺乏必要的责任感。显然他们自己感觉无所谓，但却并不是所有人都能接受和容忍的。

11. 喜欢金属质感手提包的人

这种人性格多是比较敏感的，能够很快跟上时代的脚步，他们对新鲜事物的接受能力也是很强的。但是这一类型的人，在很多时候并不肯轻易地付出，而总是希望别人能够付出。

12. 将手提包当成服务工具的人

这类人是典型的和平型性格者，以女性居多。他们的手提包不只是一个手提包，还是一个服务工具。他们随身携带纸巾，以防有人失去控制而哭泣。他们还携带充足的药品以作为一个合格的流动急救站，有为咽喉疼痛的人准备的喉症丸，为头痛的人准备的阿司匹林。他们的包里甚至还有锉刀，可以为指甲突然折断的人帮忙。

另外，从颜色上来说，喜欢浅色系提包的人，擅长交际；喜欢深色系提包的人，性格大多比较深沉内敛；喜欢色彩鲜亮提包的人，往往头脑灵活，反应敏锐；喜欢用拼色提包的人，多半热衷追随潮流。

心理小课堂：手提包能给女性带来安全感

对于女人来说，包包在生活当中是绝对不能缺少的。其实，大部分女人需要手提包，是因为手提包可以带给女人安全感。

包就像贴身伴侣，随身带着它，心里才有一份可依赖的踏实感。女人对包的热爱正体现了马斯洛的需求层次论——安全感是生理需要之上、人的本能需要。当女人们从家里走进外面广阔世界的时候，正是包，在潜意识上，给了她们某种情感依托。在某些场合，提包还可以帮助她们缓解内心的紧张和不安。

此外，包还是女人的救星，让她们变得更加完美。女人不像男人，有时候可以不太在乎自己是否完美。男人可以把日常用的东西，比如手机、香烟、钥匙等放在贴身的衣袋里，女人却不能这样做，所以她们离不开包。

同时，包能体现生活品位和女人味。包是搭配服饰的最佳饰品，更是她们改变心情的方式。对女人来说，挑选、搭配提包是一件令人喜悦的事情，她们乐此不疲。一款款精心搭配的手提包处处流露着她们对生活品质的追求。从一些女人的包里，你可以读到她内心的柔软。小小的空间里，无序地排列着口红、眉笔、香水、钥匙、钱包、电话本、手机、照片等等，等于在大声宣布她们非常女性化。

以“帽”取人很靠谱

如今，帽子的款式可谓是丰富多彩。众所周知，帽子是用来遮阳和御寒的，同时，也是一种戴着美观，给人树立某种形象的东西。可是，你可能并不知道，在心理学上，对帽子的喜好也能反映一个人的性格。

1. 爱戴礼帽的人

一个爱戴礼帽的人，往往认为自己稳重而有绅士风度。他的愿望是让人觉得他沉稳和成熟。在别人面前，他经常表现得热爱传统，比如喜欢听古典音乐和欣赏芭蕾舞等，与流行歌曲无缘。有时他甚至站出来反对这些他自认为是糟粕的东西。他欣赏一个男人穿西服打领带，一个女人穿套装、旗袍，而从不正眼瞧袒胸露背、穿超短裙的女人。

这类人所穿的皮鞋任何时候都擦得锃亮，而且所穿的袜子也一定给人以厚实的感觉，即使是炎热的夏季，他也会拒绝穿丝袜。同时他也讨厌穿着凉鞋和拖鞋走路。由于他看不惯很多东西，所以他很清高，有些自命不凡，认为自己是干大事的人，进入任何一个行业都应该是主管级的人物。

一般来说，这类人过分保守并且缺乏冒险精神，成就并不大，所干的事业也不像想象的那么顺心。

友情方面，他的朋友会觉得他保守、呆板，不容易掏真心话，即使他在见面时斯文有礼，也不能加深他们之间的友谊，他和朋友之间的友谊很难保持长久。他有时也会想到这些，并试图努力去改变，但他天生的性格使他难以表达自己的心思，有时反而适得其反。

2. 爱戴鸭舌帽的人

通常有点年纪的人才戴鸭舌帽，它表现出稳重、忠实的形象。如果男人戴这类帽子，那么他会认为自己是个客观的人，面对问题时，总能从大局着想，不会因为一些旁枝末节而影响整个大局。

有时候，他自认为是老练的人，在与别人打交道时，就算对方胸无城府，他还是喜欢与别人兜着圈子玩，即使把对方搞得晕头转向，也不直接说出他的心思。

之所以这么做，是因为他是个会自我保护的人，不愿轻易让别人了解他的内心。他不是个攻击型的人，但是个很会自我防守的人，所以他很少伤害别人，但也不容许别人伤害他。

这类人很会聚财，相信创业才是人生的本色，多劳多得是他的客观信条，他从不相信不劳而获或少劳多获。他认为他所拥有的财富来之不易，所以他从不乱花一分钱。

3. 爱戴圆顶毡帽的人

这类人对任何事情都感兴趣，但从不表达自己的看法，即使有看法也是附和别人的论点，好像这类人没有主心骨似的。

其实这类人并不是没有主张，他们只不过是个老好人罢了，不愿随便得罪一个人，哪怕他是个最不起眼的人。从本质上讲，这种男人踏实肯干，他相信只有付出，才有收获的道理。在他平和的外表下，有自己执着的观点，他相当痛恨不劳而获的人，相信君子爱财，取之有道，他从来不让不义之财玷污自己的手指。

做每一件事情他都会全力以赴，投入巨大的精力和热情。对于报酬，他只拿属于自己的那一份。他是以自己的美德赢得尊重的。

在选择朋友方面，他表面随和，其实颇为挑剔，他认同“道不同不相为谋”，因此，除非对方和他有相同的看法和观点，否则他是不会考虑和对方深交的。

4. 爱戴彩色帽的人

这类人清楚在不同的场合，穿不同颜色的服装，应该戴不同颜色的帽子，说明他是个会搭配且衣着入时的人。他喜欢色彩鲜艳的东西，对时下流行的东西非常喜欢，每当出现新鲜玩意，他总是最先尝试的那批人。他希望人家说他的生活过得多姿多彩，懂得享受人生，并且总以弄潮儿的身份走在时代前列。

这类人害怕寂寞，因为他精力旺盛、朝气蓬勃，那颗不甘寂寞的心，总是使他躁动不安，他经常邀请伙伴们一起，尽情玩耍。可当最后一支舞曲跳完后，曲终人散的那种滋味会马上浸满他的心头。

对于工作，当他热情起来时，就像有使不完的劲，一旦感到无聊时，空虚感立刻涌上他的心头。

5. 爱戴旅游帽的人

这种帽子既不能御寒也不能抵挡太阳的照射，纯粹是作为装饰之用。用这种帽子来装扮自己，以投射某种气质或形象；或者戴上它另有企图，用来掩饰一些他认为不理想或者有缺陷的东西。

通过这些他所表现出来的特点看，他不是一个心底诚实的人，不肯以真面目示人，是个善于投机钻营的人，因此真正了解他的人少之又少，而一般人所看到的只是他的表面。由于这类人过度聪明，过度自以为是，在别人面前既唱红脸又唱白脸，以为自己做得天衣无缝，其实别人早已看出他是个不可深交的人。因此他真正的朋友不多，多半是与他面和心不和的人，有时他也能看出自己的缺点，但由于他的本性，他无法改变这些事实。

心理小课堂：从戴帽子的方式看一个人的个性

我们不光能从一个人对帽子的喜好来判断他的性格，还能从他戴帽子的方式看穿他的内心。

1．将帽檐往上或往后推，把额头露出来

这样戴帽子的人，纯粹是为了装饰、耍酷，或者是为掩饰一些不理想的缺陷。这种人性格比较轻佻、高傲，容易自满和放纵，日常生活无条理，缺乏恒心，难有大成就。

2．将帽檐用力向前拉，使眉毛和眼睫毛都被帽檐遮住

这种人的个性不是深沉而忧郁，就是暴躁火辣，很难与人和平相处。

3．将帽子戴得端端正正、四平八稳

这种人一般比较稳重又有绅士风度。他们的性格正直，富有进取心，做起事来细心、肯负责任，不容易犯错。

4．帽子戴好后，习惯向左拉或向右拉

这样戴帽子的人，个性活泼开朗，富有幽默感，是个天生的乐天派。

戴电子表的和戴机械表的，哪个更能装

一个人对手表的选择能体现出他的性格。不要小看一只手表，它可比穿衣搭配更能体现一个人的品位。一个人戴的手表，可以从气质、价格和功能上体现这个人的个性和心理。所以，在日常交际中，看看对方手腕上的表，便可以看出他（她）的真性情。那么，如何从不同的手表中看出不同的性格呢？以下内容值得您参考。

1. 喜欢戴上发条的表

这一类型的人独立意识都比较强。他们自给自足，很多事情都坚持自己动手。他们乐于做那些可以马上见到成果的工作，如干一次体力活。他们最看重的是自己所获得的那种成就感，但在这个过程中，他们又不希望一切都是轻而易举就获得的，那样反而没有了意义和价值。他们并不希望得到他人过多的关心和宠爱。

2. 喜欢戴按键电子表

这种电子表，只要按一下显示时间的键，就会出现红色的数字，如果不按，则表面一片漆黑，什么也看不见。喜欢戴这一类型手表的人多是有些与众不同的。他们独立意识非常强烈，从来不希望受到他人的控制和约束。他们善于掩饰自己的真实情感，不愿让别人知道自己内心的想法。所以在别人看来，他们是特别神秘的，让人难以琢磨。而他们自己也非常喜欢这种神秘感，乐于让他人对自己进行各种猜测。

3. 喜欢戴怀表

这种人多对时间具有很好的控制能力，虽然他们每天的生活都是忙忙碌碌的，但是并不是时间的奴隶，而是懂得如何在有限的时间里让自己放松并且找到快乐的。他们善于把握和控制自己，适应能力非常强，能够很好地调整自己的心态。他们多有比较强的怀旧心理，乐于收集一些过去的东西。他们言谈举止高雅，有一定的文化修养。他们有比较浓厚的浪漫思想，常会制造一些出人意料的惊喜。他们为人处世具有耐心，很看重人与人之间的感情，是重情重义的人。

4. 喜欢戴由设计师为自己设计的手表

这一类型的人，大多非常在乎自己在他人心目中的形象和地位，并且可以为了迎合他人而改变自己。他们时常会大肆渲染一些事情，以证明和表现自己，吸引别人的注意。

5. 喜欢戴没有数字的表

这一类型的人抽象化的理念较为强烈，擅长观念的表达，而不希望什么事情都说得十分明白。他们很在意对一个人智力的锻炼和考验，认为把一切都说得太明白就没有意义了。他们很喜欢玩益智游戏，而且他们本身就是相当聪明的。他们对一切实际的事物似乎并不是特别在乎。

6. 喜欢戴具有几个时区的手表

这类人大多不现实。他们有一定的智慧，但一切都只是想象而已，不会努力付诸实践，做事常常三心二意，这山望着那山高。他们在一些责任面前，常以逃避现实的方式面对。

7. 喜欢戴古典金表

这种人多具有发展的眼光和长远的打算，他们绝对不会为了眼前的利益而放弃一些更有发展前景的事业。他们思维缜密，头脑灵活，往往有很好的预见力。他们的思想境界比较高，而且非常成熟，凡事看得清楚透彻。他们有宽容心和忍耐力，又很重义气，能够与家人、朋友同甘共苦，生死与共。他们有坚强的意志力，不会轻易向外界的一些困难和压力低头。

8. 喜欢液晶显示型手表

这类人在生活中多比较节俭，知道如何精打细算。他们的思维比较单纯，对简捷方便的事物比较热衷，而对于太抽象的概念则难以理解。他们在为人处世方面多持比较认真的态度，不会显得特别随便。

9. 喜欢戴闹钟型手表

他们大多对自己要求特别严格，总是把神经绷得紧紧的，一刻也不放松。这一类型的人虽算不上传统和保守，但他们习惯于按一定的规律和规定办事，他们在争取成功的过程中，任何一件事都是以相当直接而又有计划的方式完成的。他们非常有责任心，有时候会在这方面刻意地培养和锻炼自己。除此之外，他们还有一定的组织和领导才能。

10. 不戴手表

这类人大多具有比较独立自主的性格，他们不会轻而易举地被他人支配，而只喜欢做自己想做并且也愿意去做的事情。他们的随机应变能力比较强，能够及时地想出应对的策略，而且非常乐于与人结识和交往。

心理小课堂：从佩戴的手表了解男人的性格类型

现在男人的配饰越来越多了，可以彰显品位和身份的配饰或许就是简约而时尚的手表了。什么样的性格选什么样的表，因此，我们也可以先从男人的佩表去窥探一下他们的内心世界，从中可发现一些有趣的现象。

1．低调内涵型

这种人已经不需要用黄金、钻石来证明他的实力了，他戴的表可能一般人都不认识，也没机会认识。没关系，要的就是这种低调的精致，于细微处透出的深厚内力。这种男人应该是豁达的，对生活有着独特见解。当然了，他们年纪应该都不小了。看看他们身边的女人，会发现一个共同点，那就是智慧。

2．张扬炫耀型

钻石、黄金是这种类型的男人必不可少的装备，手表当然也不例外地要靠它们来提升价值了。表盘、表链全镶钻那当然最好，实在不济也至少先把刻度和表圈给武装起来嘛。这样的男人一伸手，先不用说话额头上就已经刻上了两个字：有钱！而且是愿意让所有人知道他有钱。碰上这样的男人，女人要先掂量自己是否年轻且貌美，够得上成为他身边另一张值得炫耀的活名片，否则免谈。

3．标新立异型

他手上的表绝对不会是主流品牌，也不会是大众款式，因为不愿和一般人重样，但为经济能力所限，无法购买价高稀缺的款式，那么一些相对冷门的品牌就成了他们的选择，既脱离了俗套又不至于瘦了钱袋。这类型的男人有强烈的自尊心和小小的自卑感，女人若和他们相处，可要小心照顾好他们的面子。

4．稳重务实型

这类型的男人多半会佩戴各种品牌的正装系列手表，虽然购买力不同，表的档次也有差异，但共同点是追求朴素踏实，有这样一只表在手，基本可以应付各种场合了。这样的男人是传统意义上的“好男人”，四平八稳，没有花哨的钻饰和让人眼花缭乱的多功能，就这样简简单单的，但却值得女人去依靠和信赖。

5. 时尚运动型

这种男人永远有一颗年轻的心！别以为潮流和酷炫只是年轻人的专利，许多三四十岁的男人腕上佩戴着直径40毫米以上的大表，或是表盘上有密密麻麻的计时圈，让人一看就知道这样的男人一定是有趣且懂得享受生活的。和这样的男人在一起，生活充满了新鲜和刺激感，当然了，保不准也会有一些情感上的意外哦。

戴珠宝饰品的和戴金质饰品的，谁更在乎别人的看法

自然之美固然让人沉醉，但一些人为的修饰，会在自然的基础之上为人增添几分靓丽。佩戴饰物就是装扮一个人的最好方式之一。一个人选择的饰物只有与自己的个性相匹配，才能达到最佳的效果。因此通过观察一个人佩戴的小饰品，有助于判断其性格特征，尤其是女性，不同的个性在选择饰品的时候存在较大的差异。

1. 喜欢佩戴生物饰品的女性

喜欢佩带这种饰品的女性往往感情丰富，耐不住寂寞，属于渴望与多种男性自由交往的花花女郎型。她们渴望被众多男性包围和爱护，多情而感情细腻，而所交往的男性中也会有情有独钟的类型，因此，可能会令一往情深的男性欲哭无泪。

2. 喜欢用珠宝当作装饰品的女性

这种人很多时候并不是为了突出表现自己的个性，而是为了配合整体造型，以期达到一种整体和谐的效果。这样的人可以称得上是完美主义者，她们凡事总是竭力追求完美。她们的自我表现欲望不是太强烈，更在乎的是自己是否可以完全融入某一种氛围当中，与其他人打成一片。

3. 喜欢佩戴具有民族情调装饰品的女性

一般来说，这种人个性是相当鲜明的，他们总是有自己独特的想法和见解。

4. 喜欢佩戴心形饰品的女性

喜欢这类饰品的女性往往表面平静，内心却热情如火。她们自尊极强，感情强烈而脆弱，怕受伤害，一般不会主动示爱，如果男性无法主动引导，则难以发展为恋爱，对似有意若无情地诱导自己的男性往往更感兴趣。她们表面坚强，其实心理防线很容易被攻破，敏感易受伤。

5. 喜欢在胸口打大蝴蝶结的女性

这种女性常处于一种期待、不安、缺乏自信的状态，她们担心自己交不到男朋友，故会常处于焦虑地等待某个特定人出现的状态，非常渴望被注意和追求。

6. 喜欢佩戴链状手环的女性

这类女性常对成熟、细心、体贴的男士感兴趣，她们通常崇拜父亲或兄长类型的男性，是具有恋父情结的人。她们偏好能听任自己撒娇的男性，喜欢被男性呵护的感觉，对幼稚、没风度的男性看不惯。

7. 喜欢佩戴胸针的女性

讲究衣着、重视整体搭配的女性，常常会戴一枚小小的胸针。这样的人是相当重视自己在他人心中的形象的。她们在为人处世方面处处小心和谨慎，不会贸然地做出某种决定。她们有一定的疑心，不会轻易地相信某一个人，即使是对非常要好的朋友，也有一定保留。她们希望自己能够引起别人的注意，但又总是习惯用谦虚的态度来掩饰这种心理。

8. 喜欢佩戴木制饰品的女性

这类女性常处于自我防御状态，很少主动对男性表现出兴趣，有可能是曾受创伤所致。她们对男性的警戒心强，非常厌恶被不熟悉的男士搭讪或碰触。男性的外形往往对她们缺乏足够的吸引力，她们反而比较容易被美丽的女性所吸引。

9. 喜欢佩戴手镯的女性

这类女性多数是精力充沛、很有朝气、充满活力的人。她们多是比较聪明的，并且有某一方面的特长。她们有追求、有理想，在绝大多数时候知道自己想要些什么，并且会主动去追求自己想要的东西，甚至有些时候感到很迷茫也仍然不会放弃，而是在行动过程中进行探索。

10. 喜欢佩戴粗大金色手环的女性

喜欢这种饰品的女性对物质具有强烈欲望。即使处在恋爱中，也往往重视经济条件胜于爱情。她们的警戒心强，非常厌恶被欺骗。

11. 喜欢佩戴体积小、不太起眼的珠宝首饰的女性

此类人多为谦虚而又稳重的人。她们的内心大多十分平静，在任何事情面前都能保持顺其自然的心态。她们一般不太希望引起他人的注意，随便、自然一些反倒更好。

12. 喜欢佩戴手表型手环的女性

这种女性有可能遭遇过感情挫折，或渴望某种感情契机的出现，属于欲求

没得到满足的类型。也许正在为与男友分手或心中有所不满而感到烦恼吧？另外，喜欢追求冒险的女人，也会戴这类型的手环。

13. 喜欢佩戴星形饰品的女性

这种女性虚荣心较强，渴望被男性赞美，希望自己的个性获得认可。她们爱幻想，缺乏理性思维，常常抵挡不住男性的甜言蜜语或赞美词，会接纳认同自己长处的人。因此，她们有时可能因意志薄弱而走进男性的圈套，轻易答应或委身于他人。

14. 喜欢佩戴体积大、坠多、璀璨醒目的珠宝的女性

这种女性多爱招摇和卖弄，她们无论走到哪里，总会吸引许多人的目光。她们比较热情，并且这种情绪还会感染其他人。她们比较积极、乐观，爱幻想。

心理小课堂：从汽车装饰的选择看一个人的性格

开车的人大多都会在自己的车里放上各种装饰品，不同的装饰品反映了车主人不同的性格。那么你的车里会有什么装饰品呢？

1. 喜欢装饰五彩缤纷的贴纸

这类人是随性而且害怕孤独的人。讨厌生活中大段大段空白的时间，总是想让自己忙工作，因为一闲下来，他们就觉得心慌，不知道该干什么了。喜欢丰富的生活和娱乐节目，但是一定要有人陪才会觉得开心，永远不会选择周末一个人，总要拉个朋友陪着自己，就算什么也不做，也觉得心里舒服。

2. 喜欢装饰造型独特的挂坠

这类人比较细心，是注意细节品位的人。平时没有太多的私心或太强的占有欲，和同事总是能和睦相处。他们会很在意一些别人注意不到的细节，并且为自己在这些细节上的品位而自豪。不过，他们很多时候都会忽略自己

的生活品质。

3. 喜欢时尚舒适的靠垫

这种人是很会生活的人，踏实而且懂得享受。最重要的是，他们是知道爱护自己的人，无论是对自己的身体还是对自己的心，都是百般呵护，进而在工作和家庭中，他们总是会不自觉地扮演起“保姆”的角色。

4. 喜欢装饰可爱的绒毛公仔

这类人一般为女性，这种人虽然在平时的言谈举止上，不会过分幼稚，但是也会不由自主地在激动的时候发出可爱的声音。她们的活泼和友善让她们一生都不缺乏朋友。但是这类人要记住，该撒娇的时候才能撒娇，可爱也不要不分场合。

5. 喜欢装饰小巧的弹簧玩具

这类人性格开朗，随时都有一肚子鬼点子，一开口就充满幽默感。他们即使是身在陌生人群中，也可以三分钟就和人家打成一片，他们能说会道的交际能力让人羡慕不已。

心理测试：你喜欢哪种袜子

袜子虽然是穿在鞋子里紧贴皮肤的衣物，但通过它可以了解一个人内心的柔软度，同时还能判断其性格特点。下面就来测试一下吧！

你在选择购买袜子时，偏好以下哪一种？

A. 白色棉袜

B. 各色棉袜

C. 暗色系袜子

D. 卡通图案的袜子

E. 超短运动袜

结果解析

选择A

心地善良型。白色具有洁癖的象征。而可以为肌肤带来温柔触感的棉材质，则表示选择这种袜子的人，非常善于照顾别人。

选择B

情绪多变型。棉袜是最具舒适感的穿着，而颜色则代表这种人当时的情感。如果袜子的颜色经常变换，则说明这可能是个情绪化的人。

选择C

稳定温和型。深色系具有平衡及稳定的感觉，表示选择这种袜子的人懂得如何控制自己的情绪，而且还知道要照顾身边的人。

选择D

幼稚纯真型。可爱的卡通人物或玩偶，都代表了某种程度的幼儿天性。不论选择的是哪一种图案，都表示精神层面尚未成熟。

选择E

爱玩恋家型。这种款式代表着强烈的游玩心情，又很依赖父母。选择这种袜子的人，可能需要身边人的呵护。

Part7
捕捉微表情，不再误信谎言

微表情是一种微反应，是了解人内心意图的最准确的线索。在日常生活中，如果我们能掌握他人微表情背后的心理，就可以不动声色地看穿他人内心的真实想法，从而判断他人话语的真假。

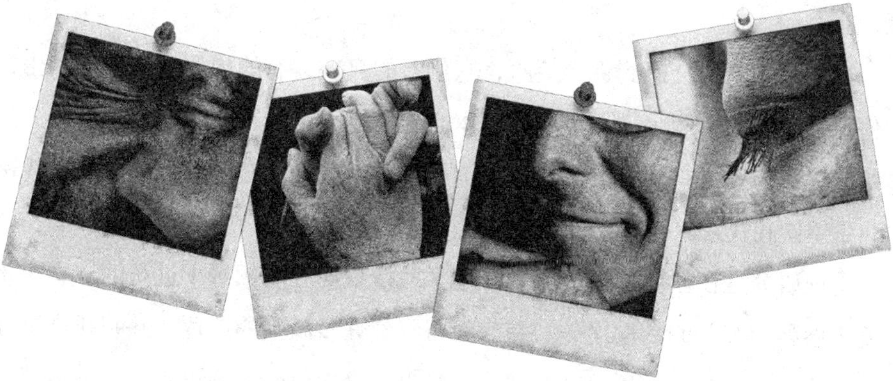

说谎时为什么可以让人感觉到“笑得不自然”

微笑常被认为是一种展示幸福、快乐、对人友善的信号。微笑有感染力，当你向某人微笑时，无论真假与否，对方一般都会自然地回馈给你一个甜美的微笑。但是微笑就一定代表对方是真诚的吗？答案是否定的。微笑也能隐藏谎言！

我们在一天内会遇到许多笑脸，它们有的真诚，有的虚假。科学家指出，如何识别微笑的真假是一项重要的基本心理技能，它能帮助我们判断周围人的情绪，提高与别人打交道的能力。英国的科学家最近就在进行一项大型在线试验，希望借此找到识别假笑的秘诀。

这项研究是在赫特福德郡大学心理学教授魏斯曼的领导下进行的，它也是“爱丁堡科学节”的活动之一。参与者将看到许多微笑的照片，并判断谁真谁假。魏斯曼教授希望这项研究能够找出脸上哪个部位的表情可以传递出微笑真伪的信息。此前的研究曾发现眼睛是判断微笑真假的关键，这一次他们将比较嘴、脸颊等部位表情的细微差别以及左右两侧脸哪一边“更诚实”。此外，魏斯曼教授还想发现哪个人群对微笑的判断更准确。人们普遍认为女性比男性更擅长识别假笑，但科学家一直没有找到原因。

法国科学家纪尧姆·杜胥内·德·波洛涅通过对断头台下身首异处的人们的头颅进行分析，来研究人们面部肌肉收缩的方式。研究发现，人的笑容是由两套肌肉组织控制的。

第一套肌肉组织是颧骨处肌肉，它可以带动嘴巴微咧，双唇后扯，露出牙齿，面颊提升，然后将笑容扯到眼角上。我们可以有意识地控制颧骨处的肌肉，在没有开心的事情发生时也可以调动这部分肌肉，以制造出虚假的笑容。

第二套肌肉组织是眼轮匝肌，它可以通过收缩眼部周围的肌肉，使眼睛变小，眼角出现褶皱，也就是我们常说的“鱼尾纹”。这部分肌肉是不受我们的意识控制的，因此，它调动起的笑容一般都是发自肺腑的真心笑容。所以，要想看一个人的微笑是不是发自内心的开心，我们可以看他微笑时眼角是否有“鱼尾纹”。因为敷衍或虚假的笑容只能引起双唇四周肌肉的收缩，而发自内心的开心不仅会使双唇后扯，嘴角上提，还会带动眼轮匝肌的运动。

关于微笑，科学家还有许多有趣的发现。例如他们吃惊地发现，10个月大的婴儿就已经会“皮笑肉不笑”了：当他们看到陌生人走近时，会露出假笑；只有母亲靠近时才会真心微笑。此外，微笑还是唯一的在300英尺（约91米）之外就能被识别的人类面部表情；餐厅侍者在结账时如果面露微笑，得到的小费就会比板着脸的同行多50%；微笑比皱眉动用的肌肉要少得多；那些在校志纪念册照片中面带微笑的女孩儿，30年后她们的生活也会更幸福。

微笑最基本的特征是具有感染力，人们在面对别人的微笑时，也会在自己的大脑里留下微笑的痕迹。

虽然微笑具有传染力，但是同时微笑也可以被人为制造出来，也就是说微笑有真笑和假笑之分。当看见有人在冲我们微笑时，我们大都会有一种满足感，而从来不会思考笑容的真假。在微笑的感染下，人们常常会放松戒备，而那些爱撒谎的人则常常钻这些空子，在撒谎的时候用微笑做降落伞。为了不让假笑以假乱真，我们必须培养自己识别假笑的能力。

科学研究发现，如果是假笑，我们的左脑和右脑都希望我们的笑容看起来显得更加真实，但是控制面部表情的神经元大都集中在右半脑的大脑皮层中，而这部分大脑只能向我们的左半身发送指令。因此，在我们自我意识的控制下，我们左侧脸庞和右侧脸庞的表情并不完全相同，左侧脸部的笑容会比右侧脸部的笑容更加明显。而如果是发自内心的微笑，左右两侧的笑容就不会有区别了。

在人们的惯性思维中，微笑代表着真诚和接纳。但事实是，当一个人假笑时，他的微笑中可能隐藏着谎言。

心理小课堂：人为什么要说谎？

一般来说，谎言可以归为三类：第一类是“正性谎言”，也就是指一些对生活造成有利影响的谎言；第二类是“中性谎言”，这些谎言很多不受意识支配，或者说了也不会对他人造成不利；第三类是“负性谎言”，这类谎言会对自己和他人造成不利。

人们为什么说谎呢？研究证明有以下几个原因：

1．为摆脱困境而说谎

人人都有尽可能收集对自己有利的信息，而规避那些对自己有害的信息的心理倾向。因此，当人们身处困境时，往往会用说谎来摆脱困境。

2．为避免尴尬而说谎

在竞技游戏或者比赛中，有的人明明实力很强却偏要在口头上示弱。他们常常在不知不觉中预先为自己设立一些防范性的托词，以此防止比赛失利后自己陷入尴尬境地。

3．为获得利益而说谎

这类行为指的是为了自己的利益而说谎。在销售领域中，当介绍、出售本公司的产品时，这种谎言便会大行其道。他们这么做完全是为了获得某种特定的好处，而不惜言过其实来美化、宣传自己的产品。

4．为掩饰自己的感情而说谎

一般我们不会直接对自己不喜欢的上司以及同事说“我不喜欢你”，

如果真的像这样原原本本地将自己的真实想法表达出来，那么自己和对方的关系很可能会恶化，以致难以挽回，而且这样做也不利于所从事的工作。为此，人们想要隐藏自己的厌恶之情，表面上就会尽量装得心平气和一些。

5. 为了保护自己而说谎

当我们不想上学时常常谎称自己生病了，还有人把自己因为睡过了头而导致的上班迟到辩解为是因为堵车。观察日常生活中常见的谎言，我们会发现像这类自我防御型的谎言是很多的。

6. 为了哗众取宠而说谎

这种说谎指的是诸如自吹自擂、虚张声势等行为，比如说有些人原本没有恋人却谎称自己已有恋人，明明办不到的事情却谎称可以轻松搞定。他们之所以这么做完全是想在人前显摆，引起别人的注意，以及不想让别人认为自己很蠢笨的心理在作祟。

7. 为满足欲望而说谎

当婚姻不幸的人被问及："为什么要和那种人结婚呢？"很多人都会违心地回答："婚前不太了解对方，等到真正一起生活之后才发现彼此的思维方式和价值观合不来。"

人们常常会在先前的欲望没有办法获得满足时，认同并接纳能够满足当时那种心理空虚感的人和物，心理学上将这种现象称为"代偿行为"。有很多人选择的结婚对象是和过去的恋人十分相似的人，这便是有力的例证。

8. 为迎合对方而说谎

如果有人说："你不认为这件衣服的尺寸对我来说很合适吗？"对方一般会回答："是的，真的很合适。"如果有人问："能先借我一百元吗？到月末我就还你。"对方一般会说："可以，没问题。"虽然内心很讨厌，但是很多人还是强迫自己做出附和的姿态或者说出对方期待的答案。

一个人说谎时面部表情是怎样的

无须确凿证据，无须测谎仪，甚至无须声音，只凭借表情的变化就可以判断一个人是否说谎，这是美国电视剧《别对我说谎》中莱特曼博士具备的高超本领。

微表情总会不知不觉地暴露自己的真正想法，从而让谎言有迹可循，这也是人类共有的一种特征。

微表情是心理应激微反应的一部分，它从人类本能出发，不受思想的控制，无法掩饰，也不能伪装。再能“装”的人，遇到有效刺激之后的第一瞬间也会出现微表情，他的“装”只能出现在微表情之后。

因此，以微表情为代表的微反应是一个人内心想法的忠实呈现，是了解一个人内心真实想法的最准确线索。

人类爱说谎，也爱戳穿他人的谎言，这是自古以来从不间断的心理战争。人们能看破54%的谎言。艾克曼研究了微反应（心理应激微反应，通常称为微表情），能更精准地识别谎言。

怎么识别呢？你的一举一动，左右我的视线；你的一颦一笑，暴露你的内心。

那么，在日常生活交际中，我们该如何找出说谎者身上那些“诚实部位”呢？

1. 笑时眼角没有皱纹

可能在撒谎。皱眉肌在额肌和眼轮匝肌之间靠近眉间的位置。其收缩时，能使眉头向内侧偏下的方向拉动，并使鼻部产生纵向的小沟。

2. 跟对方说话时，长时间注视对方眼睛

可能是在撒谎。与大家想象中或电视剧里表现的不同，不是“你看着我的眼睛”就不会说谎，要小心说谎者是为了看看自己的把戏是否得逞而看着你的眼睛。反之，中断眼神交流并不代表对方在说谎。

3. 惊讶表情超过一秒

是假装的。装表情装得太用力就会这样，其他的宏观表情都不会持续超过四秒。

4. 对你的问题生硬地重复

这是典型的撒谎方式。在回答你的问题时明显生硬重复，说明TA心虚了。比如你问：“你去过TA家吗？”“我没去过TA家。”

5. 太专心于撒谎的人可能会放慢手上正在做的事情的动作

心理学专家告诉我们，如果注意力集中在语言上，就不太会关注到当下的别的事情，平时习惯性的手势就会减少，心理资源主要用于编造线索，而人的注意力总是有限的。所以不要只听对方说了什么，也要注意对方的语调和其他身体语言。这样才不会被谎言蒙蔽。

6. 如果不能将事情倒着回忆一遍，那这件事情一定是编造的

所以不要轻易撒谎，保不准别人就用这种方法来检验你。

7. 说到某事的时候突然转身环抱

一定是在说谎。TA不是不敢面对你，而是说谎时TA只想待在最小的空间里。

8. 当说“是”时，头无意识地微微摇动

是在说谎。真遗憾，TA的身体背叛了TA的语言。

心理小课堂：常说谎者当心“谎语癖”

在怪癖型人格障碍当中存在着一种特定的类型，我们称之为谎语癖，就是“说谎成瘾”，即在不需要说谎的时候仍然会说谎，或者在熟人之间会有意地编造一些幻想性的故事，或者一种很神奇的经历来让对方相信。当看到对方相信自己的谎言的时候他会感到很高兴，沾沾自喜。这种以欺骗行为来达到一种内心的满足的行为是一种很奇怪的、很怪癖的人格障碍心理。而且由于表演得很好，在一般人际关系当中，这种行为往往具有很强的欺骗性，严重的话会发展成为诈骗或者故意捏造事实的罪名。

大家都知道，扯点小谎实属正常。但如果说谎时间太长和次数过频，以致对其本人或那些被谎言所蛊惑的人造成某种危害时，这样的说谎就应被看作“病态”了。这在心理学上被称为“谎语癖”。谎语癖就是有些人完全不能控制自己的说谎行为，甚至成了一种自然而然的行为。我们每个人都说谎。有些谎言是善意的，也有的是因为迫不得已，这些都无可厚非。可是有谎语癖的人只要不说谎心里就很难受，这时候，说谎就已经不仅仅是一种掩饰或者夸张的行为，而是一种心理疾病了。

一个人说谎时为什么会有一些小动作

心理学家往往能从一个耸肩、一个搓手、一个抿嘴的动作中，就能感受到他人内心的想法，从愤怒到吸引到嫉妒，无所不知。在十分钟的日常交谈中，平均每个人会说三个谎言。我们能够辨认的面部表情有二十五万种之多，但这仅仅是身体语言中的一小部分。正是这些微妙的身体语言，决定了我们在与他人的交往中是掌控别人，还是被别人所掌控。

没有人喜欢和说谎的人打交道，但现实中说谎的人却不在少数，除了有些善意的谎言外，动机不纯的谎言是令人厌恶的，甚至是痛恨的。那么，怎么能够判断一个人是否在说谎呢？从他习惯的一些小动作就可以了解一二，因为说谎会给人造成一定的压力，而这些压力往往会通过一些小动作来掩饰。

1. 东张西望

一般情况下，说谎的时候东张西望的人通常比较胆小、怕事，也就是说他们根本就不会说谎，对于说谎感觉像是做了亏心事似的，而且心中受到了谴责，同时等待接受对方的惩罚。这种人通常善良老实，与人交往以诚相待，一般不会轻易说谎，说谎肯定有一定的原因，因此这种人是可以原谅的。

2. 揉眼睛

用手揉眼睛这个动作有男女之分。男人会用力地揉眼睛，如果谎说得过大，他们还会把视线转向别处，较多的是看地面，也有的看周围的景致，为的是在说谎时避免与对方的视线接触；女人多半是轻轻摸一下眼睑的下方，她们担心把眼睛周围的妆弄坏了。

3. 抓耳朵

抓耳朵、拉耳垂，或是把整只耳朵按住以掩住耳孔，这些小动作都有可能说明对方是在说谎，他们用这些小动作来掩饰自己内心的忐忑不安。这些动作也显示出他们比较胆小，年龄一般都不大。

4. 双手抱胸同时后退

这是一种下意识的退缩，表示说谎者可能感到心虚。

5. 摸脖子

在说话时不停地用手摸脖子，这个小动作也是用来掩饰说谎行为的。有人对摸脖子的行为做了细致的观察，如果每次都用右手的食指，被挠的部位是耳垂下边的颈部，并且挠颈的次数通常都在五次以上，这种动作代表了怀疑或不能确定的意思，即说话者也许正在想“我无法确定自己说的话是百分之百正确的”。

6. 说话时抚弄衣服

这种行为称为控制性动作，表示可能在撒谎。

7. 碰鼻子

在聊天时有的人常在鼻子下方有意无意地轻碰几下，也有的人用非常不明显的动作很快地碰一下鼻子，有时候让人察觉不出来。采用这种动作的人是为了掩饰心中的慌乱，或是希望转移对方的注意力，因为他们觉得自己的其他部位更容易暴露出自己正在说谎。

8. 捂嘴巴

对方说话时用手偶尔轻捂嘴巴，说明他可能正在说谎。用手捂着嘴巴，是为了掩饰内心的不安，因为他知道说谎是不对的，会给别人带来伤害，但他为了达到某种目的，还是继续着自己的谎言。

心理小课堂：男人撒谎的六大动机

有这样一群男人，看上去总那么文质彬彬，对女人通情达理，甚至很浪漫，非常体贴，他们极容易成为不少女性青睐的对象。不过女人们可要小心了，这种“好男人”非常可能就是现代“新坏男人”，他们拥着你说出的一些美言却往往是最恐怖的谎言。下面给大家解析这些“新坏男人”常用谎言的六大心理动机。

1.“没事”——独自疗伤

男人遇到问题总是说没事，其实他只是独自一个人默默舔舐创口。他们有时会用谎言来掩饰自己，从而逃避令人恐惧的对白。

2.“我给你打过电话”——自卫

当你遇到丈夫忘了给你打电话，或因为约会迟到，没能完成你交代的事时，他经常会用这个借口。在男人看来，说谎有时是避免被伤害的办法之一。

3.“过去女友？就那么回事”——自我保护

女人都非常好奇自己丈夫过去女友的情况。当隐私观念非常强的男人在面对这些问题时，想敷衍塞责是可想而知的。同时他们也懂得既不能令爱人伤心又要诚实。

4.“要是你不想，我也不想”——避免自己成为强迫老婆的色狼

当你说你没情绪或身体不适时，男人只能掩饰起自己内心的失望，省得被你当成是个只知追求性爱、不懂温柔的人。

5.“我怎么会骗你”——让爱人消除疑虑

男人希望能快乐地生活，于是在男人的口中使女人消除疑虑的最好办法就是这句话。

6.“这件衣服你穿上非常美”——避免争论

男人对于老婆的提问总会给出类似的答案，这是不乐意伤你的自尊心，也不想给自己找麻烦。

“请盯着我的眼睛”真能看出谎言吗

众所周知，我们在和别人谈话时，一个最基本的礼仪是要盯着对方的眼睛，这样一方面是礼貌的表现，另一方面也可以传达你正在认真倾听的信息。但是心理学家研究发现，在谈话时，对方看着你的目光虽然坚定，但不代表他没有对你说谎！

前面我们说过，当有人说谎话时，常常会躲开别人的目光或者将脸转向一旁，但是心理学家的一组实验向我们证明，这个结论还是有例外的。

实验是这样的：心理学家们找来一群人，将这群人分成两组，让他们面对面坐着，然后让一组人对对方撒谎，研究人员提前在隐秘处安放了摄像头，将这个景象拍摄了下来。最终结果非常让人吃惊，撒谎者的表现跟我们前面说到的结论相悖。实验者中只有大约30%的撒谎者在撒谎时眼神游移不定，很容易就被研究人员发现。而其他70%的撒谎者都目光坚定地看着对方，因为他们知道眼神游移会让对方发现撒谎的秘密，所以他们采取了反其道而行之的方法避免被识破。在这些成功的撒谎者当中，有85%是女性，而男性仅占15%，这也就说明女性更容易控制自己的眼神，避免让别人发现其撒谎的秘密。

一个人在目光游移时，一般会将眼珠偏向一边，这会很明显暴露出他在撒谎；但人都是善于伪装的，很多人在说谎的同时，目光也表现得非常坚定。

事实证明，当一个人目光坚定地看着你时，他并不一定都是诚实的，有可能他是个伪装者。这种情况下，我们该如何识别这些目光坚定者的谎言呢？答案是观察他们的瞳孔！

很早以前，心理学家通过研究得出结论：人们的心理活动与瞳孔变化有着非常密切的关系。

西方流传着一个赌徒诈骗庄家的故事：聪明的赌徒先用小金额下赌注，并密切注视庄家的反应。如果赌注押中了，庄家的瞳孔就会骤然扩大，于是赌徒的同伙就大大加码。庄家屡次输钱却还不知道秘密是怎样泄露的。这个故事无论是真是假，都表明人们早就注意到心理活动和瞳孔的关系。古今文学家都爱用眼神来描述人的感情，如含笑的瞳仁、贪婪的眼光等，都体现了眼与心灵的关系。

当一个人撒谎时，他会产生一种紧张情绪，在这种紧张情绪的刺激下，他的瞳孔就会扩大，而人们在厌恶、疲倦、烦恼时瞳孔就会缩小。但是瞳孔扩大并不就能说明对方在撒谎，在恐怖、愤怒、喜爱、疼痛的状态下，人们的瞳孔也会扩大。但是在交谈过程中，如果说到的话题并不能引起他强烈的反应，而他的瞳孔还是明显扩大，那这时候我们几乎可以断定，他是在撒谎。

在阅读了前面的内容之后，我们知道，我们不能只将坚定的目光作为传递诚恳信息的手段，因为这可能并不会让对方完全相信你。因此，如果我们想表现出自己诚恳的态度，就必须在目光坚定地看着对方的同时，配合其他姿势，以便我们的诚意看起来更可信。下次，当你听别人讲话时，你应当在目光专注地看着对方的同时，用点头，插入发言表达意见和看法，由衷地赞叹等动作进一步告诉对方，你对他非常认同、非常尊重。

此外，当你向别人讲述某事时，为了能取得对方的信任，首先，你应当在讲话时和对方进行目光交流；其次，你应该给出可信的证据——相关的具体数据、人物、地点；最后，应养成说真话的习惯，让自己成为一个让别人信任的人。

心理小课堂：高明的说谎者的六种表现

一般的撒谎者，总是很容易被识别。但有的人说谎的表情和语气已经装得炉火纯青了，让人们很难判别。不过，如果你善于观察，就算再高明的说谎者，也会在你面前露出马脚。只要掌握以下几个测谎技巧，就能让谎言无处藏身。

1．不自觉地提高声音

说谎时音量升高，往往是为了掩饰心虚。

2．回避某个问题

连续问说谎者同一个问题，他很可能会恼羞成怒："我不是已经和你说过了吗？"然后勃然大怒。他也可能对你坦白："事情是这样的，我还是对你直说了吧。"

3．避免使用第一人称

美国赫特福德郡大学的心理学家韦斯曼认为，人们在说谎时会本能地避免使用第一人称。比如，朋友告诉你，他的车子抛锚所以失约，他往往会说"车坏了"，而不是"我的车坏了"。

4．眼睛看向右上方

有心理学家发现，大部分人在撒谎时，眼球会看向右上方，而试图记起确实发生的事情时，人往往会向左上方看。

5．皮笑肉不笑

美国匹兹堡大学心理学教授杰夫里·考恩发现，真正的微笑是均匀的，在面部两侧是对称的。它来得快，消失得慢。伪装的笑容来得慢，而且面部两侧不均衡。同时，说谎者的眼睛是毫无笑意的。

6．记住所有细节

很少有人能记住所有细节，比如问家人昨晚睡觉前都做了什么，他们难免记错一些细节。但说谎者不会犯这样的错误，因为他们已经在头脑中把假定的情景都想好了。

如何“听”出对方是否在撒谎

莎士比亚曾这样感慨：“上帝啊上帝，这个世界为什么这样喜欢说谎呢？！”西方社会也流行着这样一句谚语：“当真理还在穿鞋的时候，谎言已跑出很远了。”

事实就是这样，不管你愿不愿意面对，我们的现实生活中早已充斥着大量的谎言，我们无法回避它们，必须每天去面对、去听、去看、去感觉，甚至不得不捺着性子去听和看。

研究谎言的心理学家说，大多数人每天都撒一两个谎。而且极少被抓住，因为这些假话通常都微不足道。比如“我刚才在路上堵车了”“你穿那种颜色很好看”“我刚好要给你打电话呢”。埃克曼对谎言和骗局的研究长达40年，并有若干专著出版。他说：“说谎是人类社会的重要特性，人们在社交活动中应正确理解说谎现象。”比如，有时候善意的说谎还是必要的。

那么，在与人交往时，我们要如何才能识别对方说出的是不是谎言呢？不论是无关大局的善意谎言，还是别有用心的弥天大谎，它们是否有共同点呢？我们可以试试专家们研究出的高招。

首先听声音。注意说话人声音的音调是否和平时有所变化。比如声音发哑或变粗，而他平常并非如此。类似这些变化的声音都表明有说谎的嫌疑。

美国心理学家埃克曼曾做过一项关于识谎能力的测试。他挑选了509名试验对象，这些人包括机要人员、中央情报局和联邦调查局的特工以及大学生。他让这些被试者看一段录像，录像中有10个人说话，被试者需分辨出哪些人在说谎，哪些人在讲真话。

录像中，有一名女士假想自己看着一束鲜花，并对可爱的鲜花满口赞美。尽管她说话时面带笑容，满脸陶醉，但还是有几名受测者发现了她的声音中有一种奇特的迟疑，言辞呆板，手势僵硬。于是，一名安全部门工作人员断定这名女士在说谎。其实这名女士看的并不是真正的鲜花，而是主测人播放的幻灯片。来自安全部门的人员成绩最好，识谎率达78%。

此外，我们还可以通过语速来判断一个人是否在说谎。人们在说谎或者隐藏不安情绪的时候，总是想转换个话题。由于心里七上八下的，所以说话的语速会发生变化。平时少言寡语的人突然做作地高谈阔论起来，我们就可以推测这个人藏有不可告人的秘密；平时快言快语的人突然变得沉默寡言，我们就可以推测这个人很可能想要回避正在谈论的话题，或者对谈话对象怀有敌意和不满之情。

当你要判断一个人说话时的情绪和意图时，固然要听他究竟在说些什么，但是在许多情况下更要听他怎样说，即从他说话时声音的高低、强弱、起伏、节奏、速度、转折和停顿中领会“言外之意”。

当说谎是为了掩饰恐惧或愤怒之情时，声音通常会比较大也比较高，说话的速度也比较快；当说谎是为了掩饰忧伤的感受时，声音就会与之相反。那种担心露馅儿的心理会使声调带有恐惧感，那种“良心责备”的负罪感所产生的声调效果会与忧伤所产生的极为相近。

从声音和说话方式判断一个人是否说谎，还要掌握以下几点：

（1）说话缓慢轻柔，表明这个人的内心极度悲伤和焦虑。

（2）词语重复、声调升高都是说谎的表现。

（3）语速快表示当事人很焦虑。

（4）说话时语速加快意味着他的感情加重了。

（5）在谎言突然说出时，很多人以为撒谎要花更多时间来反应，但如果谎言已提前准备好，就会迫不及待说出来。

（6）回答与提问之间的时间差被称为反应潜伏期，反应潜伏期越长，说明回答者对真相有所隐瞒。

心理小课堂：揭秘办公室谎言

常见的办公室谎言包括歪曲事实、私藏信息与隐瞒真相等。

有一个有趣的现象是，当员工企图对老板、同事或是客户要小花招时，首先会选择发电子邮件，其次通过打电话，而面对面交流是职场说谎者最不愿面对的。然而，尽管电子邮件是说谎的最好方式，但大多数人还是不愿用写信的方式来撒谎，这或许是害怕为谎言留下文字证据。于是，一半以上的办公室谎言都在口头交谈中发生。

同时，心理学家还发现一种现象，那就是人们对朋友说谎要比对敌人困难。人们面对面交谈时说谎的可能性较小，同时亲近的同事之间谎言也较少。

英国兰开夏中央大学心理医师桑迪·曼恩博士指出：“说谎者可能有难言之隐，或是做错了事情，或是想超越他人，但大部分都是为了给人一个好印象。越是竞争激烈的地方，越容易滋生谎言。”

心理测试：你会因为什么而撒谎

你说谎，是出于利己还是防御？一个测试就能让你原形毕露。

在一个奇幻的世界里，有一棵恐怖的树。它长有一个血盆大口，可以把人生吞。你认为这棵树是利用什么方法来让人接近，进而捕食的？

A. 模仿对方恋人的声音。

B. 利用飞翔在它周围的小鸟使者。

C. 什么都不做，只是静静等待好奇的人走过来。

D. 散发迷人的树香。

E. 用美妙的歌声使人心醉。

结果解析

选择A

认为利用巧妙的模仿技巧就能引诱猎物的你，是属于以认真的态度在说谎的人，而且是个撒谎高手。当然，这谎言不管善意与否，在还没被揭穿之前，是很少人会因此而受伤的。之所以如此说，是因为一旦这个谎言被识破，就会让人遭受很重的打击。

正因为你是这种类型的人，所以大家对你的印象会有一种生怕被出卖的感觉，而这种感觉会愈来愈强烈。所以，为了自己，即使只有千分之一被识破的可能，也绝对不可以撒这个谎。

选择B

认为命令小鸟能引诱猎物靠近的你，是有撒谎时喜欢找代罪羔羊的倾向。为了使谎言变得有说服力，你是否经常使用“因为某某人说……”或是“从某某人那里听来的”等语句呢？

如此一来，当谎言被识破时，那个人的信用也跟着完蛋了。所以当你在编造谎言时，这个责任应该由你一个人来承担，如果把别人也卷入你的谎言中，那就太令别人难堪了。

选择C

认为什么都不做，只是利用猎物的好奇心而靠近的你，是属于不想撒谎的人。忠厚老实的人，最痛恨的就是欺骗别人，也正因如此，即使对方不想听的事实，你也毫不隐瞒地全盘说出，结果通常是伤人很深。在必要时，你也要机灵地学会撒谎。

选择D

认为不需用言语，只要用香气就能引诱猎物的你，是属于不会利用谎言去伤人的人，可称得上是诚实的人。开门见山地说，你是个不善于说谎的人，只要你想说谎就会被别人看穿，也因此，你的名誉不但不会受损，反而会有很多人认为你这样很可爱。

选择E

认为利用歌声就能引诱猎物的你，是属于为了讨人喜欢而撒谎的人。很多事情你应该都会给予加油添醋。当然这并不算是什么恶意的谎言，但如果谎言逐渐扩大的话，就容易在众人面前丢脸。即使你没有说谎，有很多事也会因为过分地夸大而让对方有所误解。所以，对于任何事情，你都要谨言慎行。

Part8
职场微表情，请小心辨认

篮球场上队友间的一个眼神，就能传达出彼此的想法，打出精彩默契的配合；课堂上，老师表情的细微变化或者语气轻重的转换就能表达出讲述内容的重要程度。而在职场上，这种细微的表情和动作同样能够传达出很多东西。

身在职场，要学会察言观色，即通过人的表情、心理、语言、神态等方面去了解一个人，从而培养自己在人际交往中一眼看对人的本领，让自己在事业上左右逢源。

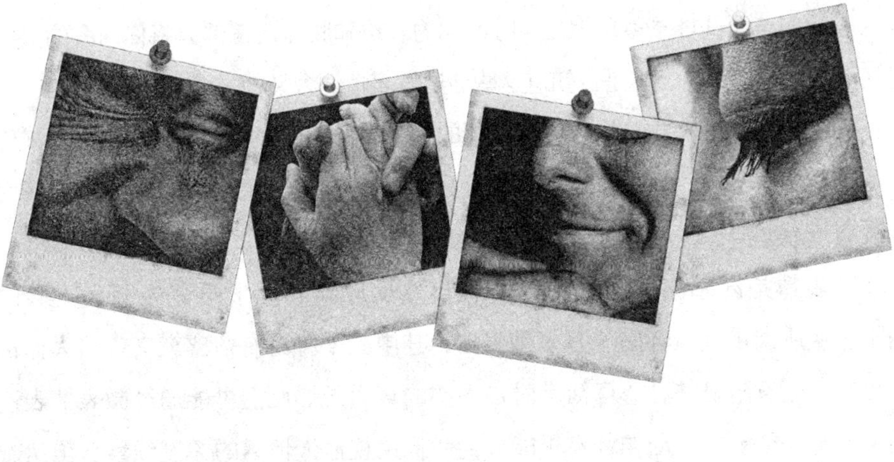

面试时，当心微表情出卖你

我们进入职场的第一关就是面试。很多时候，好的职位与我们失之交臂，在苦恼的同时，你是否想过为什么没有收到录取通知？会不会是因为面试时忘记了微笑，总揉鼻子，拉衣领，或与面试官没有眼神交流呢？

当我们与面试官“短兵相接”时，你的表情和肢体语言都会将你内心的真实想法泄露无余。那么，你是否知道这些面试微表情的含义，又该如何控制呢？

据了解，一个人要向外界传达完整的信息，55%的信息都是由肢体语言来传达的，声音占38%，而单纯的语言成分只占7%。从广义上讲，肢体语言包括面部微表情。

微表情是内心流露与掩饰的一种自然反应。心理学研究表明，人脸的四十三块肌肉可以组合出一万多种表情，其中三千种具有情感意义。当人们试图掩饰、刻意隐瞒某种心理活动时，内心的真实想法反而可能通过微表情表达出来。每一个表情、动作都有可能成为我们透视他人情感的关键线索。虽然微表情最短只持续1/25秒，但如果知道其含义，还是很容易知道他当时在想什么。

因此，微表情现在在职场大受追捧，很多公司面试时，开始关注应聘者的微表情，以帮助面试官更客观地评估。

因此，在面试时，为了给面试官留下好印象要避免以下几种微表情。

1. “飘忽不定”的眼神

这会给人“不够稳重”“有事相瞒”“不知道脑袋里在想什么”等负面印象。

2. 玩圆珠笔、戒指等

面试官会认为你心不在焉，不重视这次面试。

3. 揉鼻子，表情僵硬

这说明你很紧张。一份《中国大学生面试压力调查》显示，82%的人在面试时会出现表情僵硬、挠头等压力微表情。但这些微表情很难被求职者察觉，却容易被面试官捕捉。

一个人紧张的话，面部表情一般比较僵硬、不自然，肢体语言主要包括双手攥得比较紧，手里握着一些东西，如一支笔、面试材料，甚至椅子。这样都会在一定程度上影响主考官对你的印象。

4. 身体前后摆动

这表示紧张和有疑问。

5. 双腿交叉和一只脚不停地摆动

这表明有厌烦和懈怠之意。

6. 遮下巴，拉衣领

这说明你很可能在撒谎。有心理学家发现，撒谎会使敏感的面部与颈部神经组织产生刺痒的感觉，于是人们不得不通过摩擦或者抓挠的动作缓解这种不适。此外，一些下意识的动作也容易暴露应聘者是否撒谎，比如用手遮住下巴，有的人还会假装咳嗽来掩饰自己遮住嘴巴的手势。

7. 捏鼻子、耳朵、嘴唇

这表示对问题的回答没有把握。

8. 频繁地看手表

这会给人一种缺乏耐心的感觉。

此外，我们还需要注意这些细节：出于礼貌，面对男面试官和女面试官时，眼神的停留高度要有所区别，面对女面试官时尽量控制在眼鼻之间，不要向下到胸部；面试者回答问题时要面带微笑，尽量身体前倾；要与面试官平行对视，身体自然放松，不要太过僵硬，也可以适当增加一些手势，来增加言语的感染力，凸显自信；另外，身体尽量不要左右摇摆，不要跷二郎腿，不要在大腿上放东西，也包括手，不要抓脸和头发，最好也不要让双手在胸前交叉；与面试官握手时的力度要适中。

心理学家建议：在面试前，求职者可以通过一些简单易行的方式来调试自己的微表情，给自己减压。比如面试前喝水，做深呼吸，听轻音乐，片刻冥想，轻揉太阳穴位，咀嚼口香糖等，都可以缓解面试时的紧张情绪。

心理小课堂：五成人因微表情面试泡汤

微表情对职场生涯有多重要？一份由大学生心理咨询专业委员会发布的《中国大学生面试压力调查》显示，95%的面试官着重考察应聘者的心理素质与抗压能力，82%的面试者在面试时会出现表情僵硬、挠头等压力微表情，对其面试结果造成负面影响。

事实上，为什么有时仅仅只需瞥一眼，我们就能断定自己是不是喜欢某个人呢？通常人们把这归因于下意识、直觉或是本能感觉，但这其实往往是人们对微表情的累计认识。而在企业面试时，资深的面试官就是那个会针对性地分析你的微表情的人。

面试时，面试官主要会根据微表情考察两点，即面试者的自信以及所回答内容的可信度，再综合考虑其展现的性格特征，考量是否符合职位需求。

（1）常扶眼镜或把玩领带、项链等，若从事开发研究类思考性工作则无所谓，但若从事销售等职位，则有可能显示自信不足，心神不宁。

（2）手指摩擦手心，为焦虑；而咬指甲，则是缺乏安全感。

（3）指尖搭成塔尖，表明深具自信。研究指出，紧张时双手十指是难以一下对准的。

（4）微笑，代表自信；而微偏头微笑，则表示自在友善。

（5）嘴微张，眼睁大，表示错愕；而向一边撇嘴唇则表示不屑。

（6）抿嘴唇，挠头，表示窘迫紧张，不知所措。

（7）眼睛向上看，表示迟疑。

（8）扶眉骨是典型的羞愧动作。在面试时出现，则要留意所叙述的内容有何不妥。

（9）手插口袋，眼睛左顾右盼，不敢直视对方，表示紧张、害怕、对自己没有信心。

（10）谈话中常打断对话，做出切断性手势，表示此人主见较强。

千万不要对别人做的几个表情

职场交际是个永恒的课题，作为职场中的一员，做到八面玲珑可不是一件容易的事，每一件事、每一个细节都要处理完美才能够赢得信任。在职场中，要想处理好人际关系，表情的运用很重要。哪些表情会阻碍你的职场发展呢？

1．不屑的表情

如果对刺激源心怀不屑，则可能不需要费力地皱眉和眯眼，仅仅保留上唇的提升，甚至是不完整的单侧上唇提升，看起来就像是单侧嘴角的上扬。

这样的一副面孔，普通人都能够一眼识别出其中蕴含的轻视和否定，所以非常容易激起对话中另外一方的愤怒，从而导致整个交流过程中断，甚至双方交恶。因为，轻蔑是愤怒的常见刺激源，任何人都希望得到别人的尊重。比起双方势均力敌的严肃争辩而言，一个轻蔑的表情形态会产生更大的负面刺激效果，因为严肃的争辩至少还包括对对手的重视和尊重，而轻蔑则完全表示了自上而下的不在乎和嘲讽。所以，当你心存轻蔑的时候，如果不想让对方看出你内心的活动，一定要管好自己的上嘴唇。

2. 厌烦的表情

工作情境中比较容易出现的负面情绪是厌恶类，而这类情绪源自对某些人或者某些事的不满。

厌恶类情绪的表情形态包括三个典型特征：皱眉、眯眼、上唇提升。仅仅有皱眉不一定代表厌恶，也可能代表质疑或者不理解（本质是吃力），再加上眼睑的闭合动作和上唇的提升，则很容易表达内心的厌恶和不满。

所以，管住自己的眼睛和上嘴唇特别重要。即使是对方真的让你内心产生了厌恶的感觉，只要能保持嘴唇的形态不变化，并尽量保持眼睛的松弛（不要用力眯紧），就能在很大程度上减少脸上表达的厌恶。

3. 愤怒的表情

愤怒的表情对于职场环境绝对是格格不入的，其特征为瞪大眼睛、双手叉腰，可能还伴随着一些伤人的话语。这样的情绪是非常不适合职场交际的，别人会认为你自我控制能力很差，很不成熟，并且在多数情况下会招来他人的厌烦或仇恨。要知道，面子上的与人为善是相处之道，无论何时，都要退让三分，不要与同事、领导起正面冲突而面露怒色。

心理小课堂：职场中常见的十一个微表情

同事之间要有默契，就要懂得察言观色，知道同事心中的真实想法，才能更顺利地合作。以下十一个常见的微表情，可供参考。

（1）真假发怒：突然大声说话并伴随强烈的肢体语言，如果二者有时间差，则有伪装。

（2）向对方询问某事时，对方一侧肩抖动，表示对方对所言不自信。

（3）说话很急，将物品放在胸前形成一种障碍，刻意与对话者保持距离，代表焦虑。

（4）五官向面部中心聚拢，代表暗暗反感。

（5）手掌平直放在身侧，肢体僵硬，是停的手势，代表处于烦躁或愤怒等状态。

（6）鼻孔外翻，嘴唇紧闭，表示生气。

（7）嘴角向下瘪，是经典的犯错动作。

（8）用手抚额头眉骨处，如擦汗状，表示羞愧。

（9）明知故问的时候，眉毛微微上扬。

（10）抿嘴，经典的模棱两可的动作。

（11）双手紧握并有摩擦，是典型的自我安慰的动作，通常表现在自己并不相信自己所说的事情时，而进行的自我安慰。

看懂上司的微表情暗语

身在职场，就要有察言观色的本领，才能看透别人的心思，贴近事情的真相。而通过观察上司的“微表情”，你可以有效地对其内心意图进行分析，更敏锐地猜透上司的心理，从而在与上司的相处中，变得游刃有余。

下面就让我们来学习下，如何透过微表情读懂上司的心。

1. 读懂上司嘴部微表情

生活中，我们常常能看见抿紧嘴唇，嘟着嘴等这些司空见惯的脸部表情，这些表情可以表达很多不同的意思。如果上司总抿紧嘴唇，就意味着他生气了或不高兴。

上司发言时如果会哈哈大笑，说明他是豪放型领导，哈哈大笑意味着放松和大胆。而嘿嘿笑意味着讥讽、阴险或者蔑视，爱嘿嘿笑的上司往往性格狂妄自大，自视甚高。

2. 读懂上司眼部微表情

眼睛是“心灵的窗户”，观察眼部微表情，也是了解上司个性的一个相当给力的途径。观察一个人的眼睛，其实就是看一个人的眼神，观察他瞳孔的变化。瞳孔的变化是无法用意志来控制的，就像高度灵敏的计算机显像屏幕，其喜怒哀乐，全一览无余地显示在上面。比如：当一个人兴奋、惊恐时，瞳孔就会放大；当一个人情绪低落、悲观失望时，瞳孔就会缩小。

3. 读懂上司的“坐语”

在与上司交往时，一定要多观察上司的坐姿，要知道，不同的坐姿就有不同的内涵。

如果你的上司总是跷起二郎腿，又是男性，那么，他大多是一个有进取心且不轻易服输的人。这样的人也比较自信。

4. 读懂上司腿部微表情

在与上司接触时，如果你发现上司双腿不断碰撞或是抖动，这多半表示他此刻的心理状态比较暴躁易怒，不够沉着冷静，会因小事发脾气。此时，你就要小心一些了。

心理小课堂：洞悉上司的十五个微表情

在职场中，我们可以通过以下这些常见的微表情来捕捉上司微妙的情绪变化，从而洞察上司的心理。

（1）上司向室内凝视着，不时微微点头。这是非常糟糕的信号，它表示上司要下属完全服从他，不管下属们说什么，想什么，他一概不理会。

（2）上司的目光锐利，表情不变，似利剑要把下属看穿。这是一种权力、冷漠无情和优越感的显示，同时也在向下属示意：你别想欺骗我，我能看透你的心思。

（3）上司偶尔往上扫一眼，与下属的目光相遇后又往下看。如果多次这样做，可以肯定上司对这位下属还吃不准。

（4）伸出手指指向对方。这是一种赤裸裸的优越感和好斗心的表现。

（5）上司说话时不抬头，不看人。这是一种不良的征兆，轻视下属，认为此人无能。

（6）上司从上往下看人。这是一种优越感的表现，好支配人，高傲自负。

（7）双手放在身后互握。这也是一种优越感的表现。

（8）拍拍下属的肩膀。上司喜欢用这种方式表达对下属的承认和赏识，但只有从侧面拍才表示真正承认和赏识。如果从正面或上面拍，则表示小看下属或显示权力。

（9）双手合掌，从上往下压，身体起平衡作用。表示和缓、平静。

（10）双手叉腰，肘弯向外撑。这是好发命令者的一种传统肢体语言，往往是在碰到具体的权力问题时所做的姿势。

（11）上司久久地盯住下属看。他在等待更多的信息，他对下级的印象尚不完整。

（12）上司坐在椅子上，将身体往后靠，双手放到脑后，双肘向外撑开。这固然说明他此时很轻松，但也很可能是自负的意思。

（13）将手捏成拳头。这不仅表示要吓唬别人，也表示要维护自己的观点。倘若用拳头敲桌子，则表示企图不让下属说话的意思。

（14）友好和坦率地看着下属，或有时对下属眨眨眼。表示下属很有能力，讨他喜欢，甚至错误也可以得到他的原谅。

（15）手指并拢，双手构成金字塔形状，指尖对着前方。这表示一定要驳回对方的意思。

小心职场的表情暴力

职场中，我们大概都遇到过这种情况：身边的人整天长吁短叹，苦大仇深，你的心情也会随之低落；有时对方一味地朝你笑，你却猜不透他是在嘲笑你还是在肯定你，让人十分难受。其实，你正在遭受一种暴力侵犯——表情暴力。

表情暴力是在写字楼白领中新近出现的一种心理精神“传染病”，不光会让自己的心理情绪一直处在不太健康的状态，而且容易“传染”给身边的同事。

暴力总会带来一定的伤害，表情暴力也不例外。不光会让自己觉得十分“内伤”，也会给暴力的接受者在心理上带来一定程度的创伤。根据表情暴力伤人的程度可以分为外伤型和内伤型。

1. 外伤型表情暴力

外伤型是指外界“坏表情”对感知者自身造成的心理伤害。比如某位职场人士被领导不冷不热的脸色逼得濒临崩溃。在表情暴力中，外伤型居多。

小李今年30多岁，在某家企业做会计。最近，领导好像对她的工作有很大的意见，格外挑剔。不论小李工作多努力，就是得不到领导的正面回应。在意识到领导的态度后，小李决定做一些改进，无论是工作方法还是待人接物的态度，小李的转变让不少同事刮目相看。但是没想到的是，领导依旧对她不理不睬。崩溃的小李萌生了辞职的念头，但家中刚刚贷了款买房的现状却让她十分尴尬。她开始失眠。

这就是典型的外伤型表情暴力，如果遇到这种情况该怎么办呢？

遭遇外伤型表情暴力的人，首先，要摆正自己的心态；其次，要对自己有一个正确的评价。若自己做的是正确的，那就说明是对方的问题，那我们就不要太在意别人的想法。此外，我们平时也要注意维护人际关系。

2. 内伤型表情暴力

内伤型表情暴力是指经常被迫在情绪消极时还要维持一种愉悦自然的姿态。临床上称之为“微笑型抑郁症”。

小周今年26岁，在某公司做前台接待工作，每天的任务就是给无数客户进行分类导引。时间一长，小周受不了了。按照公司规定，无论客户的脾气有多坏，自己再怎么生气，都得必须笑脸相迎，每天被逼着露出八颗牙齿长时间微笑，都笑得内伤了。另外，前来的客户也分成三六九等，有很多人是找借口来吵架的。最令小周纠结的是，一旦自己表现出不满的情绪，客户就会立马去上司那里投诉。

小周就是典型的内伤型表情暴力受害者。受到内伤型表情暴力伤害的人其实并不多。这一类人群要更加地放宽心，要学会在非工作场所，去合理地释放自己的心理压力，发泄不良的心理情绪。像小周这样“装”出的笑容有时候反而会给人更大的压力，而这样的笑容也会让自己更加“内伤”，尽管向周围人传递了快乐的信号，却会使你在本该接受慰藉和鼓励的时候，去独自承受压力。

心理小课堂：学会捕捉谈判时的微表情

在许多工作会议上，为了某项工作进度、情况汇报或是责任问题会展开讨论，而观察对方动作神态微表情，识别对方底线，这既是对自己的一种保护，也是知己知彼，百战不殆的一个途径。因此，要学会捕捉谈判时对方的微表情。

（1）说话时单肩耸动或抿住下唇。表示对自己所说的话极不自信。

（2）身体和语言不一致。表示他在撒谎。面部的表情左右不对称，也是一样，这种情感很可能是伪装出来的。例如，撒谎时，摇头否认之前可能会有一瞬间的点头动作。

（3）下巴扬起，嘴角下垂。表示自责。

（4）对方嘴角轻微上扬而又恢复。表示可能你说错话了。

（5）左嘴角上翘，嘴唇紧闭。表示鄙视的意思。

（6）抬下巴，皱嘴唇。表示很窘迫。

不过，在许多会议以及谈判桌上，大家心里通常比平时要紧张，所以微表情展现的时间可能比平时较短，因此需要更敏锐的观察力。

心理测试：从脸的表情看性格

在生活中，大家都希望把自己最美好的一面通过照片展现出来，给自己留下美好的回忆。那么照相时，你喜欢从哪个角度拍摄自己的脸呢？

A. 右侧脸并朝上

B. 左侧脸并朝下

C. 左侧脸并朝上

D. 右侧脸并朝下

结果解析

选择A

照相时喜欢把自己右侧的脸稍微朝上的人，大多数都属于自信心及表现欲比较强的人，愿意炫耀自己的长处，但在关键时不愿意付出，因此和别人的关系会渐渐疏远。

选择B

照相时喜欢把自己左侧的脸稍微朝下的人，大多数都比较任性，性格很固执，不会轻易向别人妥协。

选择C

照相时喜欢把自己左侧的脸稍微朝上的人，一般具有很强的行动力，具备一定的领导者素质，但个性比较强，显得比较霸道。

选择D

照相时喜欢把自己右侧的脸稍微朝下的人，大多数都属于性格开朗的人，同时对人又充满亲切和体贴，还比较谦虚，所以跟任何人都合得来。

Part9
教你一眼看穿他的心

我们知道，微表情在人际交往中起着非常重要的作用，也是日常人际交流中传递信息的重要形式。

在爱情方面也是如此，一个小小的微表情和微动作就能传递给我们足够的信息。如何在约会中知道对方的心意？对方一个微妙动作所暗示的是什么？如何从微表情中判断对方是否真的喜欢你？本章内容将为你揭晓答案。

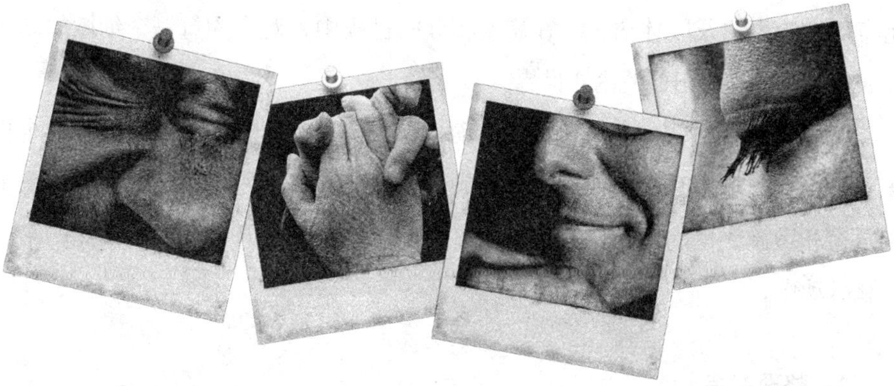

第一次约会时如何识别真爱

在恋爱中，聪明的男女都会有意识地使用大量的微表情。心理学家研究发现，如果一个人见到自己喜欢的异性，其身体会下意识地做出反应，这类微表情和肢体动作不受意识支配。不知渴望爱情的男女们在与异性相处时，是否有留意对方的表情及肢体语言。在恋爱相处的过程中，对方的每一个细微的动作和表情，都能反映出他的内心世界。

微表情通常是一个人下意识的举动，它很少具有欺骗性。因此，当一个男子向一个女子求婚时，他大可不必等到她开口应允，看看她紧抿的红唇、低垂的眼帘和微微颤动的肩膀，答案就不言自明了。下面是几种恋爱中常见的微表情和微动作。

1. 整理着装

如果一位男士在你面前整理领带，说明他真心实意地希望吸引你的注意。

另外，他会很在意头发是否整洁光亮，夹克的翻领是否到位等细节问题。若男人在你面前抠纽扣，表明他很紧张。他们还利用这一肢体语言下意识地向你表明他想与你有肌肤之亲的愿望。下一步他就会脱掉夹克，双手叉腰。看到他运用了这样的肢体语言，你就应该彻底明白：他在梦中不知道已经多少次拥你入怀了。

2. 整理头发

女人为了在心仪的男士面前保持形象，会不时地把滑落的头发理顺，或是用手把它理向脸的一边。她会通过咂嘴向男士传递好感信息。另外，男人在和心仪的女人谈话时也有整理头发的习惯，而且他们的这一动作会得到女人百分之百的注意。

3. 嘴唇微启

如果一个人喜欢你，他或她在面对你时，唇部会有瞬间的机械性的开启。这个动作同样非常细微，不容易看到。但是，如果你是一个很细心的人，观察到这个变化也并不是没有可能。

4. 扬起眉毛

看到喜欢的人，我们都会不自觉地扬眉或低眉。当然，如果对方对你有好感，那他也会有相同的表现。这一肢体语言随时都会在不同年龄层的异性之间出现。不过，想要观察到这个动作，并不是那么容易，因为它从出现到结束，只有短短的1/5秒，因此这种下意识的“眉目传情”往往被人忽略。但是，如果你真的注意到了这一细微的表情，那么说明对方给予了你百分之百的关注。至于你是否中意对方，那是你自己的事。

5. 立正站立

如果一位男士面对你笔直地站着，并且衣着得体，肩膀自然下垂，这说明他想向你展示他挺拔的姿态，希望引起你的注意。如果他身体稍稍前倾，靠近你，倾听你的谈话，这更能表明他对你有好感。

6. 盘腿而坐

如果某人的鞋尖朝向你，表明其肯定对你感兴趣。如果某人的膝盖朝向你，则是在向你暗示，他想和你建立更亲密的关系。其中一个最具魅力的姿势是，女人盘腿而坐，并把膝部暴露给予她交谈的人。这实际上是向对面的男士暗示“到你主动出击的时候了”。

7. 把他的衣服披在你身上

很少有人看到自己心爱的女人穿着别人的衣服从外面约会回来会觉得开心，即便她被冻坏，男人也不愿意看到上述事情发生。男人向女人提供他们的羊毛衫或外套，是因为这是一种防御手段，是表达性和所有权的姿态。他实际上是向女人暗示“这是我的，也是你的”。夹克上原来只有他自己的气味，被女人穿过后，就会同时拥有两个人的气息。而且，他又多了一些靠近女人的机会，至少，他要取回属于自己的衣服。

8. 把玩柱状物

男人和女人一样，兴奋时喜欢把玩杯子，或者握着刀叉等物品，轻敲桌面，或用手指触摸它。女人的腕关节一直都被认为是最具性感的部位。当一个女人对某个男士感兴趣时，她会设法把自己的手掌和腕部暴露在男人的视线内。

9. 窥视

如果一个男人专注地盯着你身体最美的部位，毫不掩饰他是在欣赏你优美的体形。那么，女士们，可要注意了，你可不要受宠若惊，男人在第一时间本能地审视你的形体后，接下来他的任务就是让你知道他已把你视为他的性伴侣了。

10. 摸脸

如果某人对你感兴趣，他会不时地摸一下自己的下巴、耳朵和面颊。这是自体性行为和紧张相结合的产物，这一行为表明他在试图掩饰内心的慌乱。当我们喜欢一个人时，唇部和脸的下半部就会变得对刺激物特别敏感。如果你在吸烟，此时吸烟的速度就会加快；如果是在喝东西，就会不由自主地更大口地往嘴里灌。抚摸嘴唇这个动作还是在向对方暗示，他是多么希望和你的亲吻尽快发生啊！

11. 握手

这是男人接触陌生女子身体的主要机会，通过这个机会你可以抓住她传达给你的信息。

手心干爽的女人性格开朗，也可能表示对此次晤面没有特殊的兴趣；手心潮湿的女人性情较内向，也可能表明她的内心很紧张或很恐惧。要找到两者间的差别就需看她的眼睛是躲闪还是微闭。

握手时手心朝上的女人多是柔顺易于相处的，手心朝下的女人多是争强好胜不肯服人的一类。而只伸出手指的女人多是精于世故，同时还传达出一种蔑视的意思。一般来说女人在与男人握手时较少用力，但如果她突然施力，那肯定是在暗示什么。男人一定要注意观察她随后的举动。

12. 用手扶你

男人把手放在你的肘或肩部，这是一种保护你的姿势。第一，这样可以更顺利地领着你通过拥挤的人群；第二，这让他时刻感到你不会从他身边走失；第三，这也是对其他男人的一个警告：靠边站，她已经有我保护了；第四，这能让他偶尔接触到你的身体……总之，这是一种不错的肢体语言。

心理小课堂：女性特有的爱情肢体语言

你追求一个漂亮女孩，要想取得成功，需要有很多条件，但其中一个重要的条件是，你不仅能够理解对方的肢体语言，还能恰到好处地运用。但科学家发现，女人要想吸引男人，除了肢体语言，还有一种利器，那就是月经周期内的体味。《生态学》杂志上刊登的一份研究报告指出：当女性处于月经周期内的易受孕期时，她腋窝的气味会让男性闻了感觉既舒服，又兴奋。

约会小动作，看透男人心

恋爱时，我们都要和对方见面约会，爱情也会因约会次数的增加而逐渐升温。不知渴望爱情的女孩子初次与男生约会时，是否留意了对方的微表情及微动作。男人每一个细微的表情或动作，都能反映出他的内心世界。掌握约会中微表情背后的心理，能让你明了对方的意图，一眼看穿他的内心。

表情1：神情紧张，坐立不定

这种男人很容易脸红，有些羞涩，常常低着头不敢正眼看你，双手紧握，甚至连说话都会有些“口吃”，身子微微颤抖，不停玩弄手边的小物件。一般的女性第一眼看到这种男人，会觉得他没有男子气概，无法提起兴趣。

但是，不要因为他表现得羞涩而忽略他的存在，或是小瞧他。他之所以会表现得紧张和不安，多半是因为他想给你留下好印象，但是在自己非常喜欢的女性面前，又无法抑制内心的激动，以至于神情和言语都变得慌乱起来。

这类男人多感性被动，他们希望被呵护与关爱。如果你喜欢他，就要用平等的眼光看待他，用真诚的心感化他，主动和他交心，他就会慢慢平静下来，对你表现出依赖感，希望能成为你的亲密爱人，并珍爱你一生。

表情2：热情似火，笑容灿烂

他如火般的热情和灿烂的笑容，犹如太阳一般温暖人的内心。他的每一个动作都极优雅大方。初次见面，女人总会被他极其洒脱的举止和风趣幽默的言语所吸引，不知不觉被他的情绪所感染。

初次见面，他就表现得非常热情，总想和你套近乎，无疑他对你产生了浓烈的兴趣，于是极力表现他的魅力，借由表情、说话、动作来表达自己的情感，希望能引起你的注意，并赢得你的芳心。

这样的男人很容易相处，懂情趣，且很有影响力，很容易打动女人的心。但是，他的感情浓烈，会很快投入一段感情，情淡了也会很快抽身离开。你若被他深深吸引，请随时保持警惕，想方设法让爱情保鲜，才能抓住他的心。

表情3：轻松自如，不拘小节

他一脸轻松，如同与熟悉的老友见面，很随意地入座，身体后仰，或是把腿张开，一只手托着腮，怎么舒服怎么来。第一眼看到他，大多女性都会感到迷惑。

初次见面就如此随便，彻底放松，说明他没把你看成异性，目前对你没有爱情欲望。他喜欢和你在一起，但他现在没有想过要与你有进一步的感情发展，只会把你当成哥们儿，希望与你随意、放松地交谈，不受任何束缚。

这样的男人很随性，讲哥们义气。你若对他没兴趣就到此为止，结束爱情游戏；如果他正对你的胃口，就得秀出你的性感与魅力。当他把你当成女性看待时，你俩的关系才有望升级为恋人。

表情4：彬彬有礼，始终微笑

他貌似极具亲和力，一出场脸上就始终挂着迷死人不偿命的微笑，很有风度。第一眼看到他，女性会怦然心动，觉得他就是自己心目中的理想对象。

然而，千万别被此冲昏了头，他迷人的微笑、很有礼貌的行为表现，只因他把自己严严实实地包裹起来。表面看像是与你很近、很亲，实则他的心离你很远很远。他害怕受到伤害，也害怕伤害到他人，所以，他会极力掩饰自己的真正想法与感受。

对于这样的男人不可掉以轻心，别立刻就误以为他对你有好感，他只是不敢表现真实想法，像蜗牛一样背着重重的壳，把自己保护起来。你需要冷静下来，并表现出你温柔、亲切的一面，让他慢慢放松，从而卸去层层伪装，向你袒露心声。

表情5：眼神飘忽，心不在焉

他的眼神恍惚，有点坐不住，常常会四处张望，反应迟钝，双腿在不停抖动，时而看看手表，时而玩弄手机，给人“身在曹营心在汉”的感觉。

在约会时他如此心不在焉，只能说明他对此次约会根本提不起兴趣，无心谈情说爱，只想着能赶快结束约会，逃离现场，摆脱尴尬的境地。

对这样一个随时想逃跑的男人，你还有谈情说爱的欲望吗？如果觉得看他如此神态会让你有快感，那就将约会进行到底；倘若无法忍受或是对他深表同情，何不遂了他的心愿，尽早结束此次约会呢！

表情6：严肃认真，双唇紧闭

他表现得镇定自若，会不自觉地变得严肃起来，抿嘴皱眉，双眼紧紧跟随着你，关注着你的一举一动，像是要把你从外到里看个透彻，活像个侦探，让女性感到紧张。

他如此关注你，甚至会不停地向你发问，对你提出各种意见。这表示他在对你不了解之前与你保持距离，对你存在怀疑，正在考虑是否与你谈感情。这都是他不自信的表现，他不会轻易付出真情。

与这样的男人约会很难放轻松，因为他太喜欢挑刺。面对他的意见，无须过多辩解，也别急于表白心声，只要做个安静的倾听者，适时给予回应就好。

如此也能让你了解他真正想要什么，以便更好地发起爱情攻略。

心理小课堂：约会时男人的小动作暴露他的内心

平常无意间做出的小动作，常常会表明一个人的本性。在和男人约会时，与之相对而坐，你只需稍加留意，就不难从他的动作里读解出他心底的秘密。

1．把手放在嘴上

很少有男孩表现出这样的动作，但毕竟还是有的。这种性格的男孩属于敏感型的人，是秘密主义者，常常嘴上逞强，不过内心很温柔。

2．摸弄头发

一般摸弄头发都是女孩子容易做出的小动作，有此动作的男孩通常比较情绪化，属于那种常常感到郁闷焦躁的人物。他对流行事物很敏感但忽冷忽热。

3．靠着某样物体

这种男孩有着冷酷的性格，但极具责任感和韧性，喜欢独自做事，通常都是一些通过个人奋斗事业有成的男子。

4．到处张望

此种类型的男孩是具有社交性格的乐天派，有相当强的顺应性，对什么事都有兴趣，总是一副跃跃欲试的模样，对朋友爱憎分明。

5．手握着手臂

这种性格的男孩是保守派的人，做事不够理性。因为他不太拒绝别人的要求，所以常常有吃亏的可能。

6．常常低头

这种性格的男孩属于慎重派。他不会过分激烈地做事，也讨厌别人过分激烈、轻浮地做事，此种类型的男孩做事习惯孜孜以求，特别勤劳，交朋友也很慎重。

7．托腮

这种性格的男孩一般服务精神旺盛，讨厌错误的事情。如果他身为领导，对手下松懈型的员工会很生气。他对跟女朋友的交往也持相当认真的态度！

8. 两手腕交叉

这种性格的男孩对待事物，通常都持有自己独特的看法。表面上他给人感觉冷漠，属于吃亏型的人，稍微有些自我主义。

约会小动作，看透女人心

我们知道，人们的一些小动作都会反映出心理变化。小动作愈多的女人，我们愈容易看穿她的心事。就像遇到心仪的男士，脸会自动潮红一样，这些小动作总会无法控制地表现出来。

当你和一个女人初次约会时，因为两个人缺少彼此间的了解，所以很难判断以后的情感方向。这是不是意味着我们毫无办法呢？其实，我们可以通过约会时的小动作看透女人的内心。

1. 不停地抻裙子

很多女孩子都喜欢在坐着的时候抻顺裙子或裤子，使之平整。这样的女孩子个性保守，传统观念很强。她们希望恋爱的对象也将是日后结婚的对象。如果仅以游戏为目的的男人，请不要轻易招惹她们，因为你会深深地伤害到她们。

2. 不断交叉双腿

这代表着她对于你们之间的这个话题十分厌倦，这时候她可能已经开始感到烦躁，如果不想让她继续烦躁，就赶快换个话题吧。

3. 用手撩动鬓发

这是很多女孩子的习惯动作之一，同时也揭示出这个女孩子对于自己容貌的自信。她正期待着对方的欣赏，如果这个时候男人对她说出几句适当的赞美语言，那无疑是锦上添花的事情，更容易讨得女孩儿的欢心。

4. 用手摸脸

即将进入恋爱初期阶段的女性，经常会出现用手触摸脸部的行为，因为怕对方看到她不自然的含情脉脉或脸红，所以会试图以手抚摸脸部，企图掩去那种不自然，达到掩饰自己的目的。

5. 手托下巴

这代表着女孩子对于这场约会以及约会对象的失望，很明显，对方不是自己所希望的恋爱对象。这时候的女孩子可能心里最期望的是如何尽快结束这场约会，只是有时候碍于面子在拖延时间而已。如果一个女孩子在初次约会中长时间保持这个动作，同时目光淡漠的话，那这次约会肯定达不到双方预想的效果。

6. 不停地玩弄手指

不停玩弄手指，或是玩弄手边的小物件，这表明女孩子处于极度尴尬之中，是面对陌生异性时的不自然。这时候的男方应该主动打破尴尬局面，多找一些轻松话题缓解女孩子的紧张，使你们的约会更加完美。

以上几个约会小动作分别反映了女人不同的心理，现在你是否了解了呢？在与异性接触时我们要善于观察动作，这有助于我们做出正确的判断。

心理小课堂：约会中注意对方的十三个小动作

（1）常常左顾右盼。这样的人内心有时缺乏坚定，遇到困难时，对事情不耐心。

（2）交谈时，声音比较大。这类人自尊心比较强，也多为自己的爱情和事业不断地努力。

（3）动作手势有过多夸张的举止。这类人性格比较平易近人，内心比较真诚。

（4）大话不断，夸夸其谈，不停地发表自己的见解，而不在意旁边他人，表明其理想比较高，做事往往起步很高，但有时不一定成功。

（5）说话时常常闭眼睛。这类人比较有智慧，说话也慎重判断，常常是思考后再说。一般说到做到，答应别人的事肯定能做到，要不也不轻易地答应别人。

（6）言语很轻蔑。这类人理想远大，现实中常常遇到困难，朋友比较少。

（7）一发言就保持微笑。这类人比较善良，擅于表演，比较随和，遇事比较自信，不易陷入爱情困境。

（8）眼神总是避开另一方。这类人比较追求爱情上的浪漫，做事比较自信，比较有心智。

（9）笑得很勉强。说明他内心对这次交谈不是十分满意，距离其内心想象的有一定差距。

（10）保持非常冷静、沉稳。这类人比较稳重，人也比较可靠，有一定的文化修养。

（11）表现很随和。这类人比较和蔼，平易近人，爱情方面虽然激情较少，但比较长久。

（12）在言辞中挖苦自己。这类人比较阴暗，且好强，缺乏一定的修养，不可深交。

（13）闪烁其词，前句不接后句。说明他遇到了烦心事，为人诚信度不够，不能很好地为朋友出力。

女人如何做，更能吸引男人的注意

女人如何在一场宴会中让自己成为全场的焦点？如何吸引你心仪的男人？如何在爱情中牢牢抓住他的心？其实这些都不难，你只需要耍点小动作。有时候一个细微表情和动作就会让你充满魅力，女人味十足的你会让他对你欲罢不能。

女人的性感迷人不完全体现在美丽、丰满和野性等方面，其实最耐人寻味的性感往往是超越视觉的。女人动态的性感，是女人对性感的生动表达，是女人攻陷男人的积极而有力的武器。

1. 嘟嘴

女人常常会做这个小动作。当在生活中遇到一些无奈或惊叹时，一个不经意的扬眉嘟嘴，会让人感觉到你有一种特有的性感可爱。这是很有女人味的一种感觉，这时的表情和肢体语言有一种小小的可爱、俏丽、温柔、甜美和古典。

2. 双手捧脸

当男人对面有一个可爱的女人，在入迷地听他倾诉一个动人的故事，她不经意地用双手轻轻地捧着自己的脸时，男人顿时会觉得这个女人更加可爱，从而更加在乎她。

3. 腿部摩擦

在电视剧中，我们经常会看到有的人在别人看不到的桌子下面轻轻用腿的摩擦来交流，这是公共场合常见的一幕。尽管你们已经亲密得很了，但是这种小动作非常富于挑逗性并且充满偷偷摸摸的冒险刺激。当然，在不同的环境，它还有另外一层意思。

当被挑逗的一方把腿部更多地向对方靠过去，或者女性把一条腿叠放在男性放在自己大腿的手上，更无须怀疑他们感情的牢固性。

同时，这种方法也适用于一方想把另一方的注意力拉回到自己身上。比如，当女性发现男性注视女服务员的时间过长时，就可以采用这个小动作来提醒他：你看也没用，最后你还是得跟我一起回家。这种招数比当场跟他翻脸的效果要高明得多。

4. 不自觉把头低下

大部分的东方女性在与异性擦肩而过时都会不由自主地将头低下，但是这其中也有不同的奥妙所在。如果女性以极平常的眼神看待男人，表示对他没有任何特别感觉；但是如果女性是以很开朗的眼神和擦肩而过的异性对视时，也别太高兴，也许只是突然心情不错罢了！

5. 恰如其分的露

穿一件长长的可以裹住臀部的家用T恤，而下面几乎是不穿。这样的家居打扮，很舒服，上半身温馨，下半身自由，遮与露都恰到好处。很简单的穿扮却能达到事半功倍的效果，让你倍增魅力。

心理小课堂：女人善于用身体动作表达爱

很多人认为，在表达爱情的时候只用眼神和语言就够了，其实这是不对的。在我们表达爱情的时候，除了可以用以上的那两种方式以外，还可以用我们的身体来表达，特别是对于女人而言，女人喜欢用身体的接触来表达自己的善意和亲密。

肢体语言学专家们研究发现，每个人都有一种心理上的警觉，即人的“势力范围”感觉。每一个人都以自我为中心，并向四周扩张，形成一个蛋形的心理防御空间，一旦其他人侵入，就会引起他的紧张、警戒和反抗。越是陌生的人，彼此之间距离越远，身体之间的间隔也就越大；反之，则心理防御空间距离就会逐渐缩小。例如，正常的夫妻之间，父母和子女之间的关系最为亲密，所以他们之间的心理距离能缩小到零，即产生肉体间的紧密接触。

小孩子都喜欢依偎在大人身边撒娇，这是动物性的表现。随着年龄的增长，人在理性上逐渐成熟，动物的原始习性就逐渐退化，隐蔽到理性后面。当女人羞于或不善于用语言来表达自己的感情时，她就习惯用身体接触这种最原始，也是最直截了当的方法作为传达自己感情的手段。从这个意义上说，女人和小孩子是比男人更具动物性的。

从心理学的角度看，女人比较重视感情，思考问题也是凭感觉的，而且她们的感官比男性更敏锐，尤其是触觉。所以，女人更习惯于用触觉的感受来替代语言的表达。因此，当你和女友约会时，不仅要用耳朵听她说些什么，还要用眼睛看她做些什么。只有这样，才能更准确地洞察到她心里的真实意图。

因此，如果你的女伴在走路时，总是喜欢亲密地挽着你的手，或是触碰你的身体，说明她和你的心理距离已大大缩短，她不在乎你侵入她的“势力范围”。

如何正确地传达爱的信号

他对你到底有意没意？哪些姿势和表情能够点燃异性的热情？心理专家亚伦·皮斯和芭芭拉·皮斯对此做出了精彩的诠释。

1. 男性最钟爱的女性坐姿

由于男性腿部和髋部的骨骼构造和女性不同，所以很难摆出两腿交叉而小腿保持平行的坐姿。因此，这个姿势极具女性气质，被男性评选为最钟爱的女性坐姿。一条腿紧紧地贴在另一条腿上，这样的姿势使腿部看起来显得更加健康和年轻，而且会因为极具性感而无比吸引男人。在模特培训课上，这是必学的坐姿之一。

2. 男人示爱的动作

当我们对交谈话题或者交谈对象感兴趣的时候，我们会把脚伸向前方，缩短和交谈对象之间的距离。倘若我们不感兴趣或者不想发言，我们就会缩回自己的脚；如果是坐着的话，还会把脚缩到椅子底下。当一个男人试图向女人表达好感时，他会采用一系列典型的男性求爱的肢体语言：一只脚伸向女人，两腿叉开，展示胯部，两臂向身体外侧展开，以使自己看起来显得更强壮，并且占据更大的空间。

3. 玛丽莲·梦露的表情

玛丽莲·梦露一直是性感女神的象征。她知道，至少是在潜意识里知道什么样的身体语言能够让男人欲罢不能。于是，她摆出了她最经典的表情：在垂下眼皮的同时抬起眉毛，目光往上看，嘴唇微张。几个世纪以来，女人们都用这种姿势展现既性感又顺从的形象。这样的姿势已经成为性感女神们的标签。

4. 戴妃式微笑

微笑时双唇紧闭，同时还低下头，歪向一侧，并且斜着眼睛向上望，这样的笑容不禁会让人联想到年少时的俏皮和心思暗藏。无论何时何地，女性这样做很容易引发男性体内的保护欲，使他萌生出呵护她的念头。已故的戴安娜王妃就是用这样的笑容征服了全世界。戴妃的这种微笑似乎有一种神奇的魅力，不仅让男人想保护她，心悦诚服地拜倒在她的石榴裙下，同时也让女人喜欢上她。对男人而言，这种既俏皮又有些腼腆的微笑是一种极具挑逗性的信号，也是一种鼓舞他们“向前冲”的暗示。回家照镜子时仔细模仿一下吧，这样下次当你打算向他示好时，这招微笑撒手锏一定能派上用场。

心理小课堂：如何巧妙地向男人传情达意？

当你遇到心仪的男十，想和他交往时，你可以运用自己的身体语言，向他传递友善信号。

1. 发出下次见面的信号

直接说出自己的电话号码并不高明，你可以留个电子邮箱，这样男方会比较自在。如何邀请对方呢？你可以说："原来你也爱看电影，最近有个艺术类电影展，很多朋友都会去，你来吗？""我们要办电影沙龙，你也来支持我们的活动吧！"

2. 美丽女人不等于魅力女人

男人是视觉动物，因此很多不够漂亮的女士在与男士交往时都不自信，其实美丽女人不等于魅力女人。呆板、没内涵的女人才不受欢迎。自信和善良的女人一样会受青睐。

3. 微笑是一种邀请信号

有些女性一参加派对或酒会，就喜欢孤芳自赏地坐在一边，一副谁也不想搭理的样子。这样的女性即使貌若天仙，也会把心理承受能力不够强大的男性吓退。所以最好的办法就是融入现场气氛，在派对上端着杯酒，很轻松的样子。在商务场合温和地与他人进行目光交流，不要显得格格不入。此时，微笑就是你最好的邀请信号，它会让你很受欢迎。

4. 请闺蜜帮忙

最好的情景是你先和身边的同性聊天，你可以先大声介绍自己，然后让他自然地加入，要注意的是这位同性的相貌最好不如你。更好的办法是直接带闺蜜参加派对，你们可以相互支援，等他渐入佳境，你的闺蜜可以找借口离开。再勇猛的男士也需要鼓励和肯定，你可以委婉地表示好感。比如他主动帮你拿饮料，你可以说："我特别欣赏体贴的男士。"这种夸奖不会太直接，假如对方无意，你也不会太过尴尬。

5. 学会耐心倾听

男人都喜欢高谈阔论，如果你专心倾听通常会给对方留下好印象。如果你不认同他的观点，也不要直接斥责对方，很多大大咧咧的女士都喜欢对男士的观点迎头痛击，这样的举动最多能让你和他发展为哥们儿，而绝对不是情侣。

一吻定情时手应该做些什么

肢体语言是内心活动的一种最直接表现。比如，有的人愤怒时手会举起来，激动时会站起身，兴奋时会手舞足蹈，害羞时会手足无措……这些都是个人心理活动的反映，并且非常明显，大部分人一看就明白这些动作所代表的意思。但是，有一些很细小细微的动作，却不是每个人都能读得懂的，如果你不够细心的话。

特别是那些沉默寡言，并且看着很成熟稳重的男人，平日里他们的肢体动作极为贫乏，因此女人想要读懂他们的心，实在不是件容易的事。

无论是什么性格的人，在真情流露的时候，往往就是他们内心情感最为开放也最易被人窥视的时候。

吻，是一种情不自禁，也可以说是一种甜蜜的阴谋。当男女接吻时，男人的手部动作就会透露出很多秘密，聪明女人可以从他的手部动作中去进一步了解他的内心。那么，和女人接吻的时候，男人的手一般放在哪里呢？

1. 摸你的臀部

这种行为表示爱比较成熟，也很有激情，在感情里属于主动出击型的人，他是燃烧的火鸟，喜欢挑战和征服。他懂女人心，但是也暴露出他极可能是个有魅力的危险“狠角色”。不过这种男人往往极富魅力，轻易就能获取女人的心。

2. 紧抱

这种男人需要安全感，尊重对方，在乎“在一起”的感觉，爱的温度很高。有时手上的信息要比唇上的信息更准确，不少女性喜欢这样的“窒息感”和被揉碎的奉献感。不过这种男人对女人的要求也很高，他们希望自己所爱的女性集美丽智慧于一身，所以你要够优秀才行。并且这样的男人有时候甚至会比女人还要感性。

3. 搂着你的腰、肩

这种爱从容、醇厚、大气，有宽容之心，相信自己的爱可以征服对方，是个对爱执着而强有力的人。吻可以如此从容，那他一定成竹在胸，也一定爱得游刃有余。只是这样的男人，自制力非常强，所以相对来说女人很难掌控他们。

4. 抚摩你的头发

他的爱细致温柔，很贴心。这种爱情比较艺术，重细节。感性、温情所至，他还有“空”这样欣赏，是属于斯文类型的男人。

5. 乱摸

这样的男子比较冲动浮躁，爱情对他而言是新鲜刺激的，也是缺乏经验的。他性急，也可能是对爱情感到没有把握，所以有些忙乱，也有“蹭一点是一点”的贪小便宜心理。

心理小课堂：亲吻的部位暴露男人心理

触“电”男女在一起难免卿卿我我，悱恻缠绵，而亲吻又是他们表达情感的最常用方式。据一项对“吻”的调查资料显示，不同的人喜欢亲吻的部位能体现出各自不同的性格特征。

1．耳朵

最能善解人意的人，很容易就能了解别人的心事和痛苦，在感情上他敢爱敢恨，却很会利用别人达到自己的目的。

2．手臂

善于寻找人生的机会，懂得试探别人的需要并掌握机会。

3．手背

是典型的情圣，既懂得掌握男女感情又懂得伺机而行，野心很大。

4．手心

渴望得到情人的真心相对，通常喜欢有品位的爱情。

5．脸颊

希望以和为贵，是重视友谊的人，能始终忠于爱情却比较容易受骗。

6．头发

在两性关系上，他是爱吃醋、嫉妒心重、占有欲望很强的人，也是容易在爱情中遇到挫折和牺牲的人。

7．额头

积极创造人生的人，人际关系良好，能给人温柔体贴的感情，并且爱在不言中。

8．眼睛

可以不惜一切为爱牺牲的人，他希望能降服心中的情人，而且这种人也喜欢吻性感地带。

9．嘴部

是爱情专一的人，吻了就代表已经以身相许，这种人有很多自信和强烈的道德观。

10. 脖子

对爱情不专一，无法谈一场天长地久的恋爱，却要求对方苦苦等待。

11. 肩

精神上极需要安慰，即使内心无比地渴望和需要也不轻易表达，容易陷入别人的陷阱中。

12. 鼻子

是性欲比较强的人，有一点双重性格而且玩性很重，不易建立良好的事业基础。

抱一抱，不用问他爱你有多深

女人总喜欢从细节去洞悉一个男人对自己的爱有多深，是否真诚。口是心非并不是女人的专利，男人也如此。有时候他们嘴里说着爱你，心却在思考着别的事情。女人可以通过观察他拥抱你的方式，体会他的爱。

1. 趁你不注意，拉你入怀中

如果他喜欢趁你不注意，把你拉入怀中，让你的脸紧贴着他的胸膛，然后用双臂紧紧地拥抱着你，这样的动作表明他很爱你。他在用这样的行动方式告诉你：亲爱的，你不知道我有多爱你，相信我，我会给你幸福的！这样的拥抱也带有一点宠溺的味道。

2. 从背面温柔环拥

男人喜欢从背面环拥住你，证明他是一个比较理性的人，同时也更注重与爱人有精神上的交流。这种男人在平时生活中很少会对你说甜言蜜语，别奢望他们会将“我爱你”挂在嘴边，跟这样的人在一起，你还是看他的行动更加好，一旦你注重他的语言表达，或许你又会开始变得惴惴不安。其实爱并不需要经常挂在嘴边，当你用心感受时，也能从他的日常行动中感到他对你浓浓的爱意，这样的行动语言有时候比肢体语言更让人觉得甜蜜。

3. 他喜欢枕在你的腿上

这样的男人有恋母情结，在情感上比较黏你，他比较多愁善感，更喜欢你对他说“我爱你”。这种性格的男人很适合当一个听众，可以耐心地听你倾诉，在生活上，事事都会以你为先。

4. 单臂拥住你的肩

男人喜欢用单臂拥住你的肩，证明他是一个比较保守的人，在爱情上也显得很被动，如果他爱你，你也爱他，不妨自己主动一些。如果你的他喜欢用单臂拥住你，那表明他很小心翼翼，不知道你是否喜欢他的触碰，正在观望你的情绪。这种男人一般都很尊重爱人，在生活中，如果你不愿意，他是绝对不会越雷池半步的。和这样的男人相处，你想要什么一定要及时说出来，不然你自顾自地生闷气会让他误以为你在讨厌他。

5. 他喜欢你抱着他

他喜欢你抱着他胜过他拥抱你，这样的男人有点像个大孩子，还有某种程度上的恋母情结。他对你的占有欲和依赖性都很强，要小心他总爱吃醋哦，所以，你要在各种场合中多在乎他一点。

6. 他喜欢从正面紧紧地拥抱你

有这样行为的男人，说明他很珍惜你，也很爱很爱你，给你百分之二百的爱，紧张你的一言一行，生怕给你的不够多。这爱给得太浓烈，有时候难免会让你有些吃不消。

心理小课堂：从拥抱方式读懂男人的暗语

1．我们做朋友吧

如果他一手上一手下地拥抱你，那说明他只是把你当成好朋友。继续加油，从朋友变情人吧！

如果他抱你时会在你上背处拍几下，那表示他其实是把你视为好哥儿们。

但是如果是另外一种状况，比如你的手心在不停地流汗，脑海里面一片混乱，你现在非常紧张，你即将上台演讲。这时候你的另一半紧紧地抱住你并鼓励地在你的上背处拍了几下，这种教练对队友式的鼓励拍击是他支持你，对你有信心的表示。

2．你可能需要点安慰

在你需要有人陪伴和安慰时，他双手环绕你的肩颈，紧紧地把你抱住。这时候要知道他对你是单纯的朋友身份还是对你暧昧，那就要看他安慰你时双手的动态了。

如果他只是紧紧地拥抱你，那他把你视为朋友；可是如果他的手会上下轻抚你的背部，那他对你的感情绝对在友情以上。

3．我想再见到你

你们第一次约会结束要说“再见”了。你觉得今晚好像过得很好，但是你不太确定对方到底喜不喜欢你。

当你内心还充满疑问的时候，他往前走了一步，双手环绕你的腰，紧紧地抱住你。你不用再怀疑了，对方真的很喜欢你。分开后，记得给他个微笑，跟他说你期待下次再一起出去！

4．我爱你，我想要保护你

你正忙着做自己的事，没有注意到他从身后靠近，直到他双手从后面搂住你的腰，紧紧地抱住你。

这种在浪漫电影中常常出现的前胸贴后背的拥抱方式，是他在表达他爱你，即使那三个字还没说出口，他可能自己也还没意识到他爱你，但是不用怀疑，他对你的感情是真的。

但是，要注意的是，假如他长期都是这样抱你，鲜少面对面地拥抱你，那表示他认为虽然他很爱你，但却没有办法跟你真心交流。

可能他有心理上的障碍，可能你没有办法确定你对他的感情，进而让他怀疑你是不是真的爱他，反正你们彼此间有障碍，让他没有办法面对面地拥抱你。

心理测试：看看你们有多相爱

言语是苍白而且靠不住的，研究肢体语言的专家认为男女之间的沟通有90%以上是不需要通过说话的，而是通过分析肢体语言以及一些亲密的小动作。

因此，你可以通过分析你和恋人之间平日的肢体语言以及一些亲密的小动作，来了解你们之间感情的结合度。

A. 连体婴儿步

B. 接吻时捧着你的脸

C. 趁机吃你“豆腐”

D. 整理你的乱发

结果解析

选择A

两个人勾肩搭背地走在街上，足以宣告你们之间有多么融洽。当你们把胳膊环绕在对方的腰上用相同的步伐前进的时候，还说明你们不光是情侣，在感情上还能达到好哥们儿的境界。你们用这种和谐统一的姿态来面对世界，说明你们是真正意义上的一对儿，不但在感情方面感觉如鱼得水，同时还建立了一种信任和互助的关系。

选择B

情侣接吻的时候，把对方的脸捧在手里是一种最强烈、最自然的感情流露，这个动作已经远远超越了接吻本身的意义。通常人们做出这个动作的时候不需要预先设计，而是一种近乎本能的爱意的流露，这个动作表达了两个人希望完全与外界隔离，单独相处的情绪。

选择C

你们参加派对的时候可能都有如下的经历：在人群中趁人不备你轻轻捏捏他的臀部，或者是他走过你身边突然从后面搂住你的腰……情侣之间动手动脚通常都会选择富含性意味的方式，这是一种自然而然的行为，含有很多的玩乐成分。隐含的话语就是“还记得昨天晚上我们……吗”。另外，可以做出这种轻轻地掐、拧的小动作，说明他们很了解对方身体的承受能力及习惯。情侣通过这种举动获得的并不是生理的愉悦，而是来自心理的满足。

选择D

最甜蜜动人的一刻莫过于他深情地凝视你的脸，轻轻帮你把垂在脸颊上的一绺秀发掠到耳朵后面……这个动作如果在大庭广众之下做出来，等于向所有的人宣告你们是情侣关系。如果在只有你们两个人的时候，这个动作就代表了他默默道出的心声：我想好好地照顾你。

后记 POSTSCRIPT

微表情正在“出卖”你

人的脸部就像是一种传播信息的媒介，人们可以通过“阅读”每一张脸来获取自己想要的信息。2009年热播美剧《别对我说谎》就将“微表情”这一原本属于科研领域的内容介绍给了大众。如今，微表情分析已经引起了越来越多的关注。

微表情是心理学名词。人们通过做一些表情把内心感受表达给对方看，在人们做的不同表情之间，或是某个表情里，脸部会“泄露”出其他的信息。微表情”最短可持续1/25秒，这种表情往往和欺骗联系在一起，无论是善意还是恶意。当人们试图掩饰、刻意隐瞒某种心理活动时，内心的真实想法反而可能通过微表情表达出来。很多名人更是成为这场微表情普及过程中的“受害者”。

尼克松：不高明的说谎者

“我今晚在此向大家保证，我会尽力确保此案得到公正的审判，去除政治圈多年来的恶行。”这是“水门事件”发生后尼克松的公开电视讲话。

露出明显马脚的是他的肢体动作，尼克松表态的时候，眼睛几乎很少正视正前方的镜头。几年之后，当尼克松接受英国主持人弗罗斯特的专访时，他仍然存在这样的行为，他很少去和弗罗斯特进行眼神交流。按常规分析，这样的人往往智力超群，但生活在自己的世界里。

克林顿：三次不认莱温斯基

克林顿的问题就在于他本来应该是全美国那个最有担当的人，却不幸三次否认了自己做过的错事。

克林顿的一次公开表态几乎可以当作“抓谎达人”的完美教材，他神情不安地左顾右盼，逃避镜头，然后说：“听着，我可能只说一次。（这对我来说实在太痛苦，我不愿意多说。）”在眼神游离的同时，克林顿的手非常不安，他用一根手指对自己的话语进行强调，指向前方和上方，这是一个典型的撒谎者常用的手势。

由此可见，对于很多善于撒谎的人来说，做到脸不红、心不跳并不难。但是伪装得再好，微表情还是会透露他内心的秘密。微表情作为心理应激微反应的一部分，由人类的本能发出，无法伪装。即使大家平常努力掩饰自己的真实感受，强颜欢笑，都只能在出现第一瞬间的微表情之后，才能装出自己想要表达给大家的表情。所以微表情是了解一个人内心真实想法的最准确线索。

在美国，目前针对微表情的研究已经应用到国家安全、司法系统、医学临床和政治选举等领域。如果你想更精准地认识一个人，就有必要学习一下这门科学，让自己在不动声色间就发现他人的心理线索，知人知面就知心。